挥发性有机物污染控制系列丛书

# 工业企业涉 VOCs 储运及非正常工况研究与实践

庄思源　蔡　梅　等 编著



中国环境出版集团・北京

**图书在版编目（CIP）数据**

工业企业涉 VOCs 储运及非正常工况研究与实践/庄思源等编著. —北京：中国环境出版集团，2022.12
（挥发性有机物污染控制系列丛书）
ISBN 978-7-5111-5395-1

Ⅰ. ①工… Ⅱ. ①庄… Ⅲ. ①工业气体—挥发性有机物—空气污染控制 Ⅳ. ①X513.6

中国版本图书馆 CIP 数据核字（2022）第 247688 号

出 版 人 武德凯
责任编辑 李兰兰
封面设计 宋 瑞

---

出版发行 中国环境出版集团
（100062 北京市东城区广渠门内大街 16 号）
网 址：http://www.cesp.com.cn
电子邮箱：bjgl@cesp.com.cn
联系电话：010-67112765（编辑管理部）
010-67112735（第一分社）
发行热线：010-67125803，010-67113405（传真）
印 刷 北京建宏印刷有限公司
经 销 各地新华书店
版 次 2022 年 12 月第 1 版
印 次 2022 年 12 月第 1 次印刷
开 本 787×1092 1/16
印 张 11
字 数 230 千字
定 价 50.00 元

---

# 前　言

当前，我国环境空气质量持续改善，但以臭氧（$O_3$）和细颗粒物（$PM_{2.5}$）为标志的区域性大气复合污染问题仍在京津冀等重点区域凸显。挥发性有机物（VOCs）是形成 $O_3$ 和 $PM_{2.5}$ 的重要前体物之一。党的十八大以来，我国生态文明建设和生态环境保护制度体系加快形成，全面节约资源有效推进，实施大气、水、土壤污染防治行动计划，开展深入打好污染防治攻坚战。在大气环保领域，自 2013 年发布实施《大气污染防治行动计划》以来，先后出台《打赢蓝天保卫战三年行动计划》《重点行业挥发性有机物综合治理方案》《关于加快解决当前挥发性有机物治理突出问题的通知》等系列文件，制定并发布 VOCs 无组织排放控制、石油炼制、石油化工等 10 余项污染排放控制标准和技术规范。为配合政策文件落实，不断提高 VOCs 治理的精准性和科学性，亟须建立一套适用于工业企业 VOCs 污染源排查的方法。本书基于源项解析思路，参考美国 VOCs 污染源管理方法，结合我国工业企业实际情况，研究提出了一套工业企业 VOCs 污染源排查方法及推荐的估算方法，同时提供了涉及的污染源的图示及估算实例。

本书共 8 章，第 1 章为概述，主要介绍国内外挥发性有机物的研究现状；第 2 章为挥发性有机物污染源排查的理论基础，主要介绍本书对工业企业 VOCs 污染源排查和估算方法的研究思路、理论基础、主要特征及整体构架；第 3 章至第 8 章为对 6 类源项的分类研究，包括污染源排查的工作流程、源项解析、推荐估算方法、排查报告格式、管理要求及建议，并针对每一类源项的不同排放量估算方法提供参考案例。

本书由庄思源、蔡梅主持撰写，主要参加编写人员及其负责的章节如下：第 1 章，沙莎、庄思源；第 2 章，庄思源、黄敏超；第 3 章，庄思源、宋骞、王奉天；第 4 章，杜琼；第 5 章，王之正；第 6 章，庄思源、尹浩；第 7 章，尹浩；第 8 章，黄敏超。本书审校由庄思源、蔡梅、黄敏超、沙莎完成。

在研究和编写过程中，本书还得到韩建华教授级高工、于景琦高工等专家的指导和帮助。此外，郭森、牛皓、孙慧、段潍超、何少林、王奉天、高少华、朱胜杰、贾瑜玲、杨一鸣、贾萍参与了部分章节的资料准备、书稿讨论等工作。

编著者

2022 年 10 月

# 目　录

# 1 概　述

## 1.1　挥发性有机物简介

### 1.1.1　挥发性有机物的定义

挥发性有机物因对环境和人体的危害而受到越来越多的关注。因为侧重点不同，各个国家、地区、组织对挥发性有机物有不同的定义。“十三五”期间，我国明确了挥发性有机物（VOCs）是指参与大气光化学反应的有机化合物，包括非甲烷烃类（烷烃、烯烃、炔烃、芳香烃等）、含氧有机物（醛、酮、醇、醚等）、含氯有机物、含氮有机物、含硫有机物等，是形成臭氧（$O_3$）和细颗粒物（$PM_{2.5}$）污染的重要前体物之一。《石油炼制工业污染物排放标准》（GB 31570—2015）将 VOCs 定义为“参与大气光化学反应的有机化合物，或者根据规定的方法测量或核算确定的有机化合物。”《挥发性有机物无组织排放控制标准》（GB 37822—2019）也明确将 VOCs 定义为“参与大气光化学反应的有机化合物，或者根据有关规定确定的有机化合物。在表征 VOCs 总体排放情况时，根据行业特征和环境管理要求，可采用总挥发性有机物（以 TVOC 表示）、非甲烷总烃（以 NMHC 表示）作为污染控制项目”。

美国国家环境保护局（USEPA）从光化学性质角度将 VOCs 定义为除一氧化碳（CO）、二氧化碳（$CO_2$）、碳酸（$H_2CO_3$）、金属碳化物、金属碳酸盐、碳酸铵外，任何参加大气光化学反应的碳化合物，并将光化学活性较小的碳化合物列入豁免清单。欧盟《国家排放上限指令》（NED，2001/81/EC）等也参照美国 VOCs 定义，但是只豁免甲烷。

世界卫生组织（WHO）将总挥发性有机物（TVOC）定义为熔点低于室温，沸点在 50～260℃的挥发性有机物的总称。欧盟 1999/13/EC 指令将 VOCs 定义为在 293.15 K 温度下，蒸气压大于或等于 0.01 kPa 的任何有机化合物；德国 DIN 55649—2000 标准规定，在常温常压下，任何能自然挥发的有机液体和/或固体一般都视为挥发性有机物。

在常压下，国内外较为流行的 VOCs 定义主要分为两大类，分别从光化学性质和物理性质两个角度进行定义，其中从物理性质角度的定义又可分为两种。以 WHO 为代表的定义是从物理性质角度，根据蒸气压或沸点对 VOCs 进行定义；以欧盟有机溶剂使用指令为代表的定义，将其扩展到特定条件下具有相应挥发性的有机化合物。

可以看出，从光化学性质角度的定义体现了控制 VOCs 的原因是为了减少大气环境中的光化学反应，从而达到控制环境空气中 $O_3$ 形成的目的，进而控制 $PM_{2.5}$ 的产生。从物理性质角度的定义则更注重有机物大气污染源（包括人群健康危害污染源）的控制，关注的是有机物挥发进入大气环境的途径和污染源强，与实际的环境空气质量标准因子之间的联系难以界定，还容易与人群健康、职业卫生的管控领域相重叠，导致管控的目标不明确。

因此，从 VOCs 的光化学性质来考虑，更能体现污染物控制的针对性，有利于开展污染源的精细化管理，更能体现出生态环境部提出的将我国环境管理由“以环境污染控制为目标导向”向“以环境质量改善为目标导向”转变的思想。

### 1.1.2 挥发性有机物污染控制的意义

当前，我国以 $PM_{2.5}$ 和 $O_3$ 为特征污染物的大气复合污染形势严峻。VOCs 是导致 $O_3$ 污染的重要前体物，同时，对 $PM_{2.5}$ 生成也具有显著贡献。中共中央、国务院高度重视生态环境保护工作。习近平总书记多次对 $O_3$ 污染问题作出重要指示、批示，要求将 $PM_{2.5}$ 和 $O_3$ 协同控制纳入“十四五”规划，为大气污染防治工作指明了方向，为开展 $PM_{2.5}$ 和 $O_3$ 协同防控提供了根本遵循。2020 年 9 月，国务院总理李克强召开国务院常务会议，听取大气重污染成因与治理攻关项目研究成果汇报，部署加强大气污染科学防治、促进绿色发展，要求进一步深入开展区域大气污染治理科研攻关，促进 $PM_{2.5}$ 和 $O_3$ 协同治理。

党的十八大以来，通过实施《大气污染防治行动计划》《打赢蓝天保卫战三年行动计划》，同时在大气重污染成因与治理攻关、大气污染成因与控制技术研究等科技项目支撑下，我国空气质量明显改善，$PM_{2.5}$ 浓度显著降低，全国 $PM_{2.5}$ 平均浓度在 2015—2019 年下降了 20%。与 2016 年相比，2020 年“2+26”城市[①] $PM_{2.5}$ 平均浓度下降了 30%，重污染天数减少了 60%，公众的蓝天获得感和幸福感大幅提升。近年来，$O_3$ 污染逐渐成为制约优良天数比例进一步提高的重要因素。2015 年以来，全国 $O_3$ 平均浓度持续上升，2019 年全国 $O_3$ 平均浓度为近 5 年最高（148 μg/m³），比 2015 年上升 20%。$O_3$ 浓度高值地区范围也不断扩大，2015 年仅北京及周边地区、山东中西部地区、长三角大部分地区、成都平原局部地区 $O_3$ 年评价值（全年日评价值的第 90 百分位数浓度）超过 160 μg/m³，

---

① “2+26”城市指京津冀大气污染传输通道城市，包括北京，天津，河北省石家庄、唐山、廊坊、保定、沧州、衡水、邢台、邯郸，山西省太原、阳泉、长治、晋城，山东省济南、淄博、济宁、德州、聊城、滨州、菏泽，河南省郑州、开封、安阳、鹤壁、新乡、焦作、濮阳。

10 余个城市超过 180 μg/m$^3$；而 2019 年整个京津冀及周边地区、汾渭平原、长江中游大部分地区和珠三角地区 $O_3$ 年评价值超过 160 μg/m$^3$，50 余个城市超过 180 μg/m$^3$，$O_3$ 污染天数在空气质量超标天数中的占比也逐年上升。

大量研究表明，VOCs 对环境的影响主要有两方面。一方面，VOCs 具有光化学特性，$NO_x$ 和 VOCs 在阳光中紫外线的照射下，可生成各种光化学氧化剂，由于 $O_3$ 占 90%以上，所以 $O_3$ 成为光化学氧化剂的代表物。$O_3$ 进一步氧化大气中的 $SO_2$、$NO_x$ 和 VOCs，生成 $SO_4^{2-}$、$NO_3^-$ 和有机气溶胶，其中 $SO_4^{2-}$、$NO_3^-$ 为二次 $PM_{2.5}$ 的形成提供了阴离子，它们与大气中的 $NH_4^+$、$Ca^{2+}$、$Mg^{2+}$ 等阳离子结合形成了无机的二次 $PM_{2.5}$，再加上有机气溶胶共同形成了二次 $PM_{2.5}$，成为 $PM_{2.5}$ 的主要贡献之一（见图 1-1）。

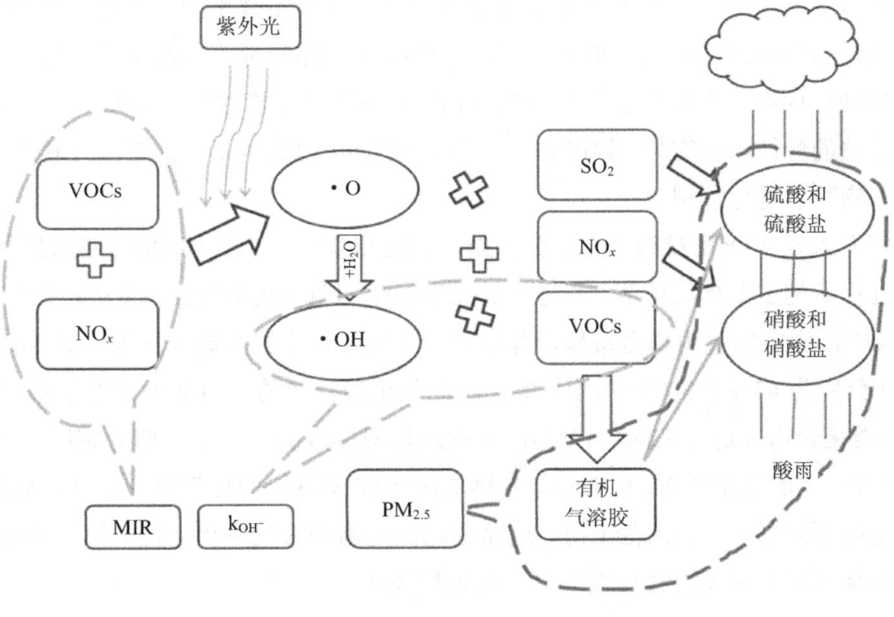


MIR：最大增量反应活性系数；$k_{OH^-}$：空气中的氢氧根离子。

**图 1-1 大气总光化学反应示意**

另一方面，大部分 VOCs 及其光化学产物属于有毒有害物质，对人体健康有直接影响。USEPA 颁布了有毒有害大气污染物（Hazardous Air Pollutants，HAPs）名单，其中大多数的 HAPs 都属于 VOCs，美国最初控制的 189 种有毒有害大气污染物中有 149 种属于有机物。澳大利亚的国家污染物清单（NPI）中有 41 类 VOCs，因为其对植物、动物和人类健康具有毒性而被单独进行统计。

从字面来看，VOCs 是一类具有挥发性的有机化合物，与一些常规的污染物如 $SO_2$、$NO_x$ 不同，并不是只代表一种或是少数的几种物质，它实际上是一大类物质的综合体，与水环境中的化学需氧量（COD）类似，是评价一类物质的综合性指标。

挥发性有机物的来源可分为自然源和人为源两种。大气中的挥发性有机物主要来源于自然源，包括生物（如植被，海洋、土壤微生物等）排放和非生物过程（如地球运动、森林燃烧等）排放。全球每年 65%以上的非甲烷挥发性有机物来源于植物排放，主要为异戊二烯、单萜类、倍半萜类、醇类和酮类等物质。异戊二烯是挥发性有机物中最主要的天然排放物，因为其在大气中极易发生化学反应而形成光化学氧化剂和气溶胶粒子。据估算，全球挥发性有机物自然源排放 11.5 亿 tC/a，远超同期的人为源排放；美国自然源年排放 2 966 万 t VOCs，占所有源排放量的 58.8%。

在城市地区，挥发性有机物主要来源于人为排放，但人为源十分复杂，大致可分为工业源、移动源、生活源和农业源。据估计，全球的人为源挥发性有机物年排放量为 14 200 万 tC，燃料燃烧、交通排放、溶剂使用是三大最主要来源。不同类型的排放源排放的挥发性有机物组成和含量都不相同，可由特征示踪物种［如乙炔是机动车尾气的特征示踪物种；丙烷、丁烷是液化石油气（LPG）的特征示踪物种；癸烷、十一烷是柴油车尾气排放的特征示踪物种；异戊烷、2-甲基戊烷、正己烷等是汽油车尾气和汽油挥发的特征示踪物种］进行识别。

我国人为源 VOCs 排放分布十分复杂。固定燃烧源、道路移动源、溶剂产品使用源和工业过程源是主要排放环节，其排放贡献率在全国范围内分别约为 28%、24%、18%和 16%。其中，固定燃烧源和道路移动源排放的 VOCs 以不饱和烃（分别为 27%和 24%）、苯系物（分别为 43%和 36%）为主；溶剂产品使用源排放的 VOCs 主要为苯系物（27%）、醇/酮/酯类化合物（均为 12%～14%）；工业过程源排放的 VOCs 主要为烷烃（33%）、苯系物（21%）和醇类化合物（15%）。各排放源排放 VOCs 的化学组分差异，导致了其对大气环境的不同影响。全国范围内，道路移动源是增强大气氧化活性的第一贡献排放源，而固定燃烧源则是引发大气毒性的第一贡献排放源。

除了一次排放污染物，大气中的部分挥发性有机物还来源于二次生成。一次排放污染物在大气化学反应过程中，被氧化生成醛、酮等含氧的挥发性有机物。

## 1.2 美国挥发性有机物污染管控体系简述

### 1.2.1 美国标准体系概况

美国是最早开展 VOCs 污染控制的国家。在总结数十年污染治理经验的基础上，美国目前已经建立起了一套行之有效的大气污染物控制标准体系。很多国家和地区的 VOCs 控制标准均是借鉴美国控制标准制定的。

美国洛杉矶光化学烟雾事件影响深远，它促使美国开始加强对光化学污染的研究，并催生了一系列空气污染防治法律法规。经过 60 多年的大气污染治理，目前洛杉矶每年发布的空气质量健康警报次数已经下降了 90%以上。这充分说明了洛杉矶以及美国在臭氧污染防治方面的成效。美国大气污染物排放标准属于法律的组成部分，主要包含在《清洁空气法》（CAA）和《美国联邦法规》（CFR）中。工业源控制标准主要将大气污染物分为常规污染物和有毒有害污染物两类，并结合现有排放源和新建排放源分类分层级进行控制。上述两类标准均涉及 VOCs 的污染控制。

美国根据国家环境空气质量标准（NAAQS），将全国不同区域分为达标地区和未达标地区。对于达标地区，主要是防止空气质量出现恶化，该地区的新源采用最佳可得控制技术（BACT）；对于未达标地区，以实现国家环境空气质量为目标，新源采用最低可得排放率（LAER）。对于所有现源，则统一采用合理可得控制技术（RACT）。对于有毒有害污染物，对主要污染源要求采用最大可得控制技术（MACT），对小污染源要求采用一般可达控制技术（GACT）。

基于污染控制技术制定的严格程度，USEPA 统一制定了常规污染物中的新建固定污染源实施标准（NSPS）和有毒有害大气污染物国家排放标准（NESHAP）。对于常规污染物中的现有排放源控制分为两种：非指定污染物直接由州制订控制计划；指定污染物则由 USEPA 公布排放指南，各州据此制订控制计划。

### 1.2.2 新建固定污染源实施标准

NSPS 是由 USEPA 制定的适用于所有新源的全国统一的排放标准。所谓新源，是指在适用于该污染源的排放标准颁布后开始建造或改建的任何固定源。一旦这种污染源按照 NSPS 管理，就称之为受控设施。新建固定污染源实施标准以源头控制、过程控制及末端治理技术控制为基础制定，按照不同的行业和污染源分为 100 多项（见表 1-1）。标准可分为行业标准和通用标准。行业标准重点对以石化化工、电力、金属行业为主的重污染、高排放、集中度高的行业提出了较为详细的要求，其中石化化工行业涉及标准 23 项，金属行业涉及 11 项。通用标准主要控制重点过程环节，根据各行业的特点，分别对焚烧炉、储罐、废水处理、装卸等过程环节提出具体要求。当行业标准与通用标准发生交叉时，可相互进行引用和补充。

表 1-1 美国新建固定污染源实施标准（NSPS）涉及 VOCs 相关章节

| 序号 | Subpart | 章节 |
|---|---|---|
| 1 | A—General Provisions | A—总则 |
| 2 | K—Petroleum Storage Vessels | K—石油储存容器 |
| 3 | EE—Surface Coating of Metal Furniture | EE—金属家具的表面涂层 |

| 序号 | Subpart | 章节 |
|---|---|---|
| 4 | MM—Automobile & Light Duty Truck Surface Coating Operations | MM—汽车及轻型卡车的表面涂装作业 |
| 5 | QQ—Graphic Arts Industry：Publication Rotogravure Printing | QQ—印艺行业：出版凹版印刷 |
| 6 | RR—Pressure Sensitive Tape & Label Surface Coating | RR—压敏胶带和标签表面涂层 |
| 7 | SS—Industrial Surface Coating：Large Applications | SS—工业表面涂层：大应用 |
| 8 | TT—Metal Coil Surface Coating | TT—金属卷材表面涂层 |
| 9 | VV—Synthetic Organic Chemicals Manufacturing：Equipment Leaks of VOC | VV—有机合成化学品制造：设备的 VOC 泄漏 |
| 10 | WW—Beverage Can Surface Coating Industry | WW—饮料罐表面涂装业 |
| 11 | XX—Bulk Gasoline Terminals | XX—散装汽油终端 |
| 12 | AAA—Residential Wood Heaters | AAA—住宅木材加热器 |
| 13 | BBB—Rubber Tires | BBB—橡胶轮胎 |
| 14 | DDD—VOC Emissions from Polymer Manufacturing Industry | DDD—高分子制造业 VOC 排放 |
| 15 | FFF—Flexible Vinyl & Urethane Coating & Printing | FFF—柔性乙烯基、聚氨酯涂料和印刷 |
| 16 | GGG—Equipment Leaks of VOC in Petroleum Refineries | GGG—石油炼厂设备 VOC 泄漏 |
| 17 | HHH—Synthetic Fiber Production | HHH—合成纤维的生产 |
| 18 | III—VOC Emissions from the Synthetic Organic Chemical Manufacturing Industry Air Oxidation Unit Processes | III—有机合成化学品制造业空气氧化单元 VOC 排放 |
| 19 | JJJ—Petroleum Dry Cleaners | JJJ—石油干洗店 |
| 20 | KKK—Equipment Leaks of VOC from Onshore Natural Gas Processing Plants | KKK—陆上天然气加工厂设备 VOC 泄漏 |
| 21 | NNN—VOC Emissions from the Synthetic Organic Chemical Manufacturing Industry Distillation Operations | NNN—有机合成化学品制造业蒸馏单元 VOC 排放 |
| 22 | QQQ—VOC Emissions from Petroleum Refinery Wastewater Systems | QQQ—炼油废水系统 VOC 排放 |
| 23 | RRR—VOC Emissions from Synthetic Organic Chemistry Manufacturing Industry（SOCMI）Reactor Processes | RRR—有机合成化学制造业（SOCMI）反应器工艺 VOC 排放 |
| 24 | SSS—Magnetic Tape Industry | SSS—磁带业 |
| 25 | TTT—Plastic Parts for Business Machine Coatings | TTT—塑料零件商用机器涂料 |
| 26 | VVV—Polymeric Coating of Supporting Substrates | VVV—聚合物涂层配套基质 |
| 27 | WWW—Municipal Solid Waste Landfills | WWW—城市固体废物填埋场 |
| 28 | JJJJ—Standards of Performance for Stationary Spark Ignition Internal Combustion Engines | JJJJ—固定式火花点火内燃发动机的标准 |
| 29 | KKKK—Standards of Performance for Stationary Combustion Turbines | KKKK—固定燃烧涡轮机标准 |
| 30 | OOOO—Standards of Performance for Crude Oil and Natural Gas Production，Transmission and Distribution | OOOO—原油和天然气生产、传输和分配标准 |

### 1.2.3 有毒有害大气污染物排放标准

有毒有害大气污染物排放标准也可分为行业标准和通用标准。行业标准主要涉及装饰电镀业、合成有机化工制造业、铅冶炼业、纸浆造纸业、卤化溶剂清洗业、成品油销售业、焦炉电池行业等，其中规模总量较大、环境污染更为严重的行业，例如，合成有机化工制造业、纸浆造纸业和成品油销售业等行业标准比其他行业标准更为详细和具体。通用标准主要针对重点行业的重点环节，按照各类重点环节的特点，对存储设备、设备泄漏、原料运输等分别设定了相应标准。

### 1.2.4 标准内容说明

美国大气污染物排放标准内容具体，具有较强的操作性。无论是新建固定污染源实施标准还是有毒有害大气污染物排放标准，一般包括以下几个方面的内容：

①适用范围。指明标准的管辖范围，即哪些设施要执行该标准。

②定义。对标准中涉及的名词术语的解释说明。

③标准要求。文件的核心内容，分为排放限值标准和运行操作标准两种形式，无论是哪种形式都具有同样的法律约束力。

④监测要求。大部分标准都对污染源连续监测系统的安装、运行、维护进行了详细的规定，并要求任何监测系统的中断或故障应当立即进行修理或校正。

⑤达标测试方法。为了判断污染源排放的污染物是否符合标准要求，每个排放标准都规定了进行达标测试的具体方法、程序和期限。

⑥报告和记录要求。规定企业建立污染台账的形式和内容，以及企业向管理部门报告的时间、形式和内容。

⑦权力规定。规定了国家和地方在标准执行过程中的权力。

### 1.2.5 标准特点分析

①将常规污染物和有毒有害大气污染物区别对待。常规污染物的新源，由 USEPA 统一制定标准；现源则由各州分别制定标准。有毒有害大气污染物不分新源和现源，统一由 USEPA 制定标准。常规污染物和有毒有害大气污染物的排放标准均体现出新源严于现源。

②针对行业或污染源的特点制定标准。美国以技术为依据，根据各个行业和各类污染源的具体特点分别制定了详细的标准。标准中详细规定了适用范围、相关名词术语定义、标准要求、监测要求、报告和记录要求等，保证了标准的针对性和科学性。

③标准要求包括排放限值标准和运行操作标准两种形式。大多数行业标准均根据行业特点对物质的排放浓度或强度进行规定，如新建源实施标准中的散装汽油中转站标准，

规定了总有机碳（TOC）的排放强度不得超过 35 mg/L 装载汽油。对于无组织排放和难以监测的有组织排放，则通过设计、设备、操作或运行等方面从原料的选用、厂址选择、储罐选型、末端治理技术等角度要求进行控制。例如，新建源实施标准中的石油容器储存标准，规定若石油液体的储存蒸气压大于或等于 78 mmHg[①]并小于 570 mmHg，则应采用浮顶罐或安装油气回收系统或等效措施；又如，有毒有害大气污染物排放标准中的合成有机化工行业标准，要求对相关存储容器采用油气回收系统和火炬燃烧进行末端控制，并禁止卤代物质排放。

④针对生产过程可能涉及的各项污染物（包括 $SO_2$、颗粒物、VOCs 等）进行管理，在现有科学理论、监测技术和污染防治技术的基础上，可基本满足对各项污染物的控制要求。

⑤重视建立污染物控制的台账记录。美国的各类标准中均要求企业针对环保设施运行、污染物排放、日常检查和维护建立台账，对需要记录的内容和形式进行了规定，同时还要求企业定期向环境管理部门报告相关情况。

### 1.2.6 VOCs 控制效果分析

美国大气污染物排放标准体系中，涉及 VOCs 排放控制的诸多行业（如炼油、石化、精细化工、油品储运、制药、表面涂装、出版印刷、铸造、服装干洗等）均分别制定了相关排放标准。涉及 VOCs 的不同排放环节，如工艺排气、设备泄漏、废水挥发、储罐、装载操作等，美国也分别规定了排放标准。通过不断完善控制手段，经过几十年的治理，美国 VOCs 排放总量呈下降趋势，从 1970 年的 3 143.57 万 t 下降为 2021 年的 1 220.43 万 t，下降了 60%以上（见图 1-2）。

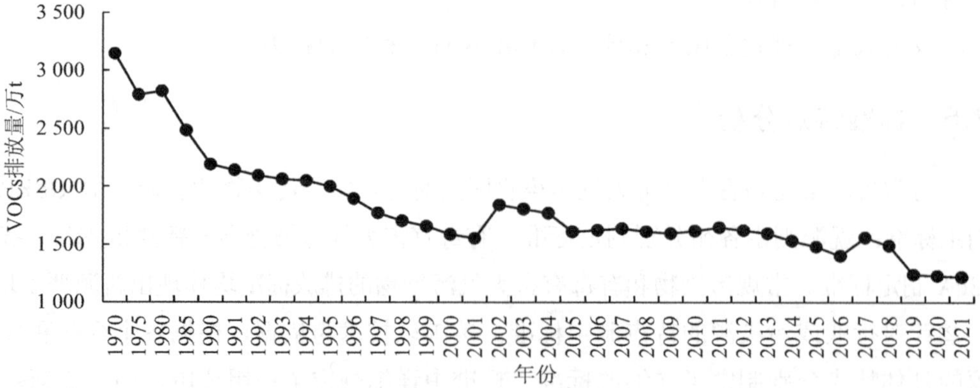


图 1-2 美国 VOCs 排放量变化趋势

① 1 mmHg=20 265/152 Pa≈133.32 Pa。

根据 USEPA 1980—2021 年 500～1 000 个观测点监测数据统计得出臭氧一年中的第 4 个最大 8 h 浓度值的环境空气质量变化趋势如图 1-3 所示，图中阴影区域所示的是空气污染值中间 80%的水平趋势分布，中间的折线代表了所有监测站的平均浓度值。可以看出，美国 1980—2021 年环境空气中第 4 个最大 8 h 臭氧浓度值下降了 29%。

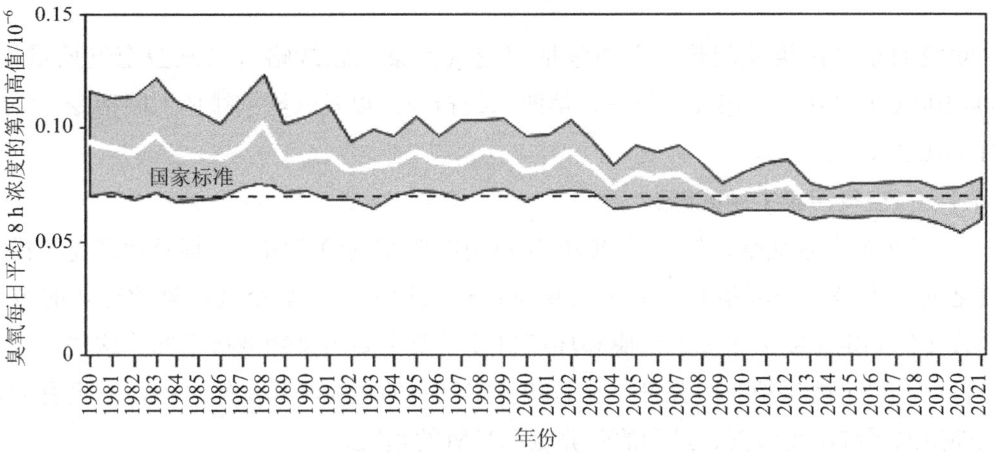


**图 1-3 1980—2021 年美国臭氧空气质量变化趋势**

注：根据 135 个地区绘制的美国臭氧空气质量变化趋势。

根据 USEPA 2000—2021 年 375 个观测点的监测数据统计得出的 $PM_{2.5}$ 季度加权年均浓度的环境空气质量变化趋势如图 1-4 所示，图中阴影区域所示的是空气污染值中间 80%的水平趋势分布，中间的折线代表了所有监测站的平均浓度值。由图 1-4 可知，2000—2021 年美国环境空气中 $PM_{2.5}$ 浓度总体稳定下降，2021 年 $PM_{2.5}$ 年均浓度比 2000 年下降了 37%。

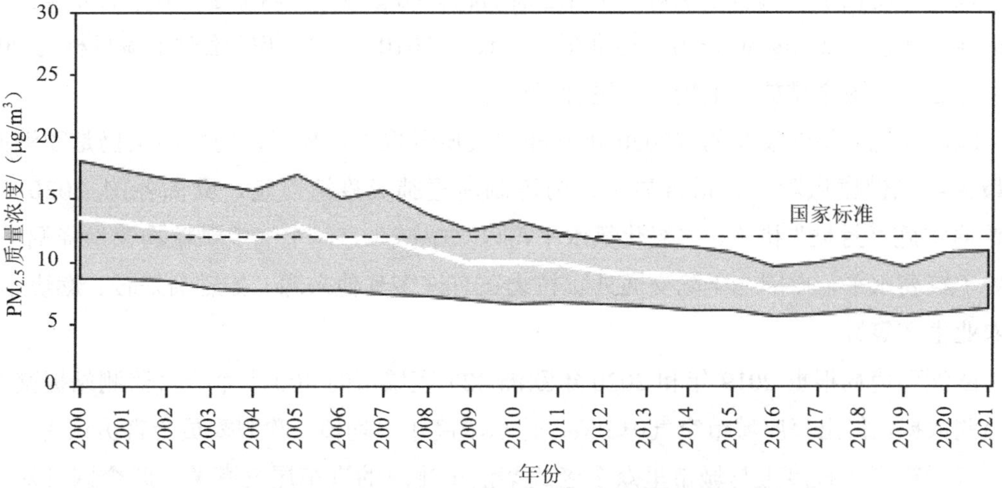


**图 1-4 2000—2021 年美国 $PM_{2.5}$ 空气质量变化趋势**

注：根据 375 个观测点绘制的美国 $PM_{2.5}$ 空气质量变化趋势。

## 1.3 欧盟挥发性有机物污染管控体系简述

### 1.3.1 欧盟空气污染控制政策简介

欧盟的空气污染控制政策主要包括《空气污染主题战略》，《欧盟空气质量指令》（2008/50/EC）及第一、第二、第三、第四二级指令，以及《国家排放上限指令》（NED，2001/81/EC）。

#### 1.3.1.1 《空气污染主题战略》

《空气污染主题战略》包含了 2020 年以前欧盟空气污染防治目标及治理建议措施，该战略的重点是对环境最有害的污染物及在较大程度上影响空气污染的行业的政策制定。该文件制定了欧盟主要的健康和环境目标以及主要污染物减排目标。这些目标将按阶段执行，尽可能保护欧盟公民免于暴露于空气中的颗粒物和臭氧之中，并更有效地保护欧洲生态系统不受酸雨、过剩的营养氮和臭氧的损害。

以 2000 年为基准，战略制定了明确的长期目标（2020 年）：①将因暴露于颗粒物浓度过高环境中而引起人和动物预期寿命的损失减少 47%；②将因暴露于臭氧超标环境中而引起的急性死亡减少 10%；③森林地区和表面淡水区域多余的酸沉降分别减少 74%和 39%；④暴露于富营养化的地区或生态系统减少 43%。

为实现这些目标，与 2000 年相比，$SO_2$ 的排放量需要降低 82%，$NO_x$ 排放量需要降低 60%，VOCs 排放量需要降低 51%，$NH_3$ 排放量需要降低 27%，一次 $PM_{2.5}$ 排放量需要降低 59%。

该文件简化了空气质量法规，并将之前的相关指令合并。增加了 $PM_{2.5}$ 的环境空气质量标准，并设置 25 $\mu g/m^3$ 作为其标准限值，设定 2010—2020 年的临时削减目标为 20%。该文件还对《国家排放上限指令》进行了修订。

欧洲环境局最新发布的《2020 年欧洲空气质量报告》显示，空气污染仍是欧洲面临的最大环境健康风险。该报告显示，为遏制新冠肺炎疫情蔓延，欧洲各国 2020 年以来普遍实施“封城”措施，二氧化氮水平得以大幅减少，但空气中颗粒物含量降幅不大，仍处于较高水平，原因在于除交通外颗粒物还有许多其他来源（如燃油采暖、燃烧木材、工农业生产等）。

欧洲环境局根据 2019 年和 2020 年欧洲 323 座城市的 400 多个空气监测站提交的地面监测数据，得出每座城市空气中 $PM_{2.5}$ 体积浓度年平均值。欧盟委员会官员认为，欧洲的空气污染很大程度上与城市里众多老式柴油车排放的汽车尾气有关。联合国针对奥地利、法国、瑞士 3 个国家空气污染对人体健康影响的一项评估表明，3 个国家受汽车尾气危害而死亡的人数大于死于交通事故的人数。由于长期生活在被汽车尾气污染的空气中，上述 3 个国家每年有超过 2.1 万 30 岁以上成年人因呼吸系统或心血管疾病死亡。相比之下，上述 3 个国家每年死于交通事故的人数为 9 000 多人。受汽车尾气污染影响，3 个国家每年有超过 30 万儿童患支气管炎，39.5 万成人和 16.2 万儿童患有哮喘。

为解决空气污染问题，2014 年欧盟委员会提出新清洁空气政策方案建议，成员国应在 2030 年之前进一步削减空气污染物排放量。根据该方案，到 2030 年，欧盟范围内主要污染物排放量将在 2005 年的基础上进一步减少，其中二氧化硫减少 81%，氮氧化物减少 69%，细颗粒物减少 51%，甲烷减少 33%。

奥地利科学院清洁空气委员会成员马库斯·阿曼表示，要提高欧洲城市的空气质量，需要欧洲各国间协调合作。他认为，在现有法规下，欧盟实现了在机动车和工业领域部分减排。为进一步减少大气中细颗粒物含量，欧盟还应在家用采暖和农业领域采取更多减排措施。

#### 1.3.1.2 《欧盟空气质量指令》

《欧盟空气质量指令》（2008/50/EC）在不改变现有空气质量目标的前提下将大多数现有的法律合并成一个单一的指令。第一个二级指令（1999/30/EC）对环境空气中的二氧化硫、二氧化氮、氮氧化物、颗粒物和铅的限值进行了规定。该指令描述了评价和管理上述污染物所需的限值和报警阈值并确定了 $PM_{2.5}$ 的监测要求。第二个二级指令（2000/69/EC）对环境空气中苯和一氧化碳的排放限值进行了规定，明确了关于评价和管理空气中的苯和一氧化碳的数值标准。第三个二级指令（2002/3/EC）对环境空气中的臭氧进行了规定，明确臭氧是碳氢化合物和氮氧化物在阳光照射下形成的二次污染物，确定了空气中臭氧浓度的目标值和长期目标，同时对挥发性有机物和氮氧化物的相关监测要求进行了规定。第四个二级指令（2004/107/EC）对环境空气中的砷、镉、汞、镍和多环芳烃进行了相关规定，完成了《空气质量框架指令》列表中最初列出的污染物。明确了除汞之外所有列出的污染物的目标值，其中多环芳烃以苯并[*a*]芘计。

欧盟委员会于 2013 年 12 月通过了一系列清洁空气政策，包括有效期截止到 2030 年的欧洲新的空气质量目标和新的清洁空气计划、《国家排放上限指令》以及减少中型燃烧设备污染的新指令建议。涉及的污染物种类包括细颗粒物（$PM_{2.5}$）、二氧化硫（$SO_2$）、二氧化氮（$NO_2$）、可吸入颗粒物（$PM_{10}$）、铅（Pb）、一氧化碳（CO）、臭氧（$O_3$）、砷（As）、镉（Cd）、镍（Ni）、多环芳烃和苯。

### 1.3.2 欧盟总量控制政策概况

考虑大气污染物会导致跨界污染，联合国欧洲经济委员会于 1979 年签署了《远距离跨界空气污染公约》。作为该公约的延伸，该委员会随后又签订了 8 个议定书，按时间顺序分别对二氧化硫、颗粒物、氮氧化物、挥发性有机物、持久性有机污染物及重金属等进行排放控制或削减。VOCs 作为常规污染物进行管控，总量控制是其根本的管控政策。

2001 年，欧洲议会和欧盟理事会制定并颁布了《国家排放上限指令》（2001/81/EC），对 $SO_2$、$NO_x$、VOCs、$NH_3$ 4 种大气污染物的排放进行了总量控制，以 2010 年和 2020 年作为基准年，提出了各成员国关于上述 4 种污染物排放量上限控制的指标，并将其分配到 27 个成员国（EU27）。

欧盟认为大型工业装置排放量占总排放量比重较高，对环境产生了重要影响，主要从《工业排放指令》（IED，2010/75/EU）、《大型燃烧装置指令》（2001/80/EC）、《汽油储存和销售指令》（1994/63/EC 和 2009/126/EC）以及欧盟污染物排放和转移登记制度（E-PRTR）4 个方面进行管控，其中《大型燃烧装置指令》与 VOCs 管控无关。

IED 的主要原则是许可证制度，通过综合途径和应用最佳可行技术（BAT）来控制工业排放。在综合考虑费用和效益的情况下，BAT 是实现高水平环保的最有效的技术。

2014 年 1 月 7 日，IED 正式颁布并取代了《污染物综合和预防指令》（2008/1/EC）、《废物焚烧指令》（2000/76/EC）、《溶剂使用指令》（1999/13/EC）和与二氧化钛生产相关的指令（78/176/EEC、82/883/EEC 和 92/112/EEC）。

本质上，IED 是《综合污染预防控制指令》（IPPC）的延续，它是关于欧盟境内污染源污染物排放最小化的要求。运营商需要获得欧盟国家当局的综合许可。大约有 50 000 个装置被 IPPC 覆盖，而 IED 覆盖范围更广。IED 是基于综合指标、BAT、灵活性、检查、公众参与等原则制定的。目的在于保证整体环境保护处于较高水平，考虑工厂的整个环境绩效，如包含排放到大气、水和土壤中的污染物，废物产生，原料使用，能源效率，噪声，事故预防和工厂关闭后的复原。

许可状况必须包含基于 BAT 的排放限值（ELVs）。BAT 的结论（包含相关的排放水平最佳的技术信息的文档）应该作为设置许可状况的参考。此外，可以通过颁发许可的机关在特定情况下设置较为宽松的排放限值。

IED 包含了环境监测的强制要求。成员国应该设立一个环境监测系统并且制订相应的监测计划。基于风险的标准，IED 要求每个成员国应每 1～3 年更新一次监测计划。

### 1.3.3 欧盟 VOCs 排放控制技术体系框架

欧盟具有完整的污染物（含 VOCs）排放控制技术体系，包括环境技术指导性文件体系、环境技术评价制度以及环境技术示范推广机制（见图 1-5）。

在欧盟的污染物排放控制技术体系中，BAT 是核心工具和技术手段。通过污染防治技术的筛选、污染防治技术政策的制定、环境技术的验证与推广机制，进一步夯实了 BAT 的基础。

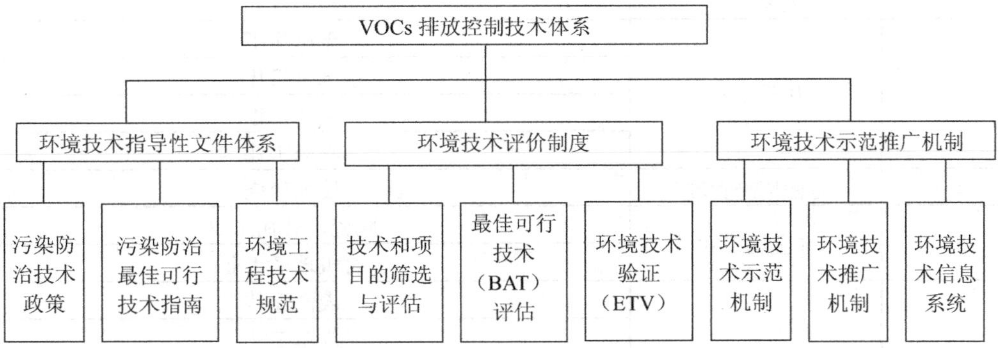


**图 1-5 欧盟污染物（含 VOCs）排放控制技术体系框架**

BAT 的具体内容：有别于我国传统的末端治理模式，BAT 描述了各类工业生产工艺存在的环境问题，污染物产生环节、产生原因以及控制措施，除给出一般控制措施外，特别给出了在目前条件下根据不同工艺的可行控制技术，并且给出通过应用这种技术可能达到的污染物排放量和资源消耗量水平，体现了经济上、技术上可行的全过程控制理念。

数据是通过调查企业实际情况得到的，代表了 BAT 实施后能够达到的污染排放水平，是制订排放限值的依据。BAT 参考文件（BREFs）不对综合污染预防与治理规章进行解释，也不规定技术或者企业、行业排放限值，它是一份基础性的技术文件；排放限值与 BAT 技术排放值之间的差值是由经济、社会的发展水平等因素决定的。

BAT 文件中涉及 VOCs 控制的行业：目前，欧盟需要施行最佳可行技术的工业行业共 6 大类 33 小类，已通过的 BAT 参考文件（BREFs）有 33 个。其中 22 个行业涉及了 VOCs 的管控，详见表 1-2。

**表 1-2 欧盟最佳可行技术（BAT）中涉及 VOCs 的行业**

| 序号 | 大类行业 | 小类行业 |
|---|---|---|
| 1 | 能源行业 | 石油和天然气精制 |
| | | 炼焦 |
| | | 超过 50 MW 的燃烧装置 |
| | | 煤气化和煤液化工厂 |
| 2 | 金属加工 | 钢铁行业 |
| | | 有色金属炼制 |
| | | 金属矿（包括硫化矿）焙烧或烧结 |
| | | 铁合金加工 |
| | | 有色金属炼制 |
| | | 金属和塑料表面处理 |

| 序号 | 大类行业 | 小类行业 |
|---|---|---|
| 3 | 化学工业 | 无机化工 |
| | | 基础有机化工 |
| | | 制药工程 |
| | | 农药工业 |
| 4 | 危险废物管理 | 垃圾焚烧 |
| 5 | 非金属工业 | 陶瓷、砖瓦工业 |
| | | 有机玻璃工业 |
| 6 | 其他工业行业 | 表面涂装 |
| | | 皮革工业 |
| | | 石墨生产工业 |
| | | 制浆造纸工业 |
| | | 纺织工业 |

BAT 是在生产发展中逐渐形成的，是对企业的运行最有效、最先进的污染物治理技术，具有实际适应性，并为制订排放限值提供了基本技术依据，可减少污染排放及其对环境的整体影响。"技术"包括装置设计、建造、运行、维护和报废退役的技术和方法。

"可行技术"是指在经济和技术可行条件下，可在相关工业部门实施应用，具有成本和技术优势的技术，这些技术只要是经营者均可合理地获得。"最佳"是指最有效地实现整体高水平的环境保护。确定最佳可行技术时的注意事项：不仅考虑一般或特定情况，也要衡量技术的成本、收益以及防范、预防的原则，同时也会随着时间而改变，尤其是根据技术的发展和进步，主管部门需要监督并通报这方面的进展情况。

欧盟建立了相对完整的环境空气质量管理体系及较为严格的空气质量标准，固定源管控主要针对大型工业装置，通过综合途径和应用最佳可行技术来控制工业排放。移动源管控包括道路车辆、船舶、非道路移动源及其燃油质量。

### 1.3.4 欧盟 VOCs 管控效果分析

1990—2017 年欧盟的非甲烷挥发性有机物（NMVOCs）排放量显著下降。2016 年，NMVOCs 排放量比 1990 年降低了 61%，同为臭氧生成主控因子之一的 $NO_x$ 排放量下降了 58%。1990 年以来，公路运输部门的 CO 和 NMVOCs 排放量呈现下降趋势；1992 年以来，$NO_x$ 排放量也持续降低。公路运输部门主要通过立法措施实现这一目标，要求减少汽车废气排放。

欧盟人为源排放的主要空气污染物包括氨、非甲烷挥发性有机物、氮氧化物、细颗粒物和硫氧化物，是欧洲空气污染物的主要来源，对人类健康、植被和生态系统造成破坏性影响。为了解决这个问题，并满足欧盟在《远距离跨界空气污染公约》（LRTAP 公约）哥德堡议定书下的义务，欧盟颁布《国家减排承诺指令》（NECD），旨在减少这些污染物的排放。根据数据统计，2005—2019 年，在 GDP 增长了约 20%的情况下，欧盟 $NH_3$、$CH_4$、$PM_{10}$、$PM_{2.5}$、NMVOCs、CO、$NO_x$、BC 和 $SO_2$ 排放趋势均出现了不同程度的下降，降幅在 10%～80%，其中 $SO_2$ 下降最多，约为 80%。

欧盟非甲烷挥发性有机物的主要来源为工业生产、农业源、能源消耗、移动源及生活源。欧盟涉及挥发性有机物排放的行业与美国类似，2005—2019 年，欧盟非甲烷挥发性有机物和 $PM_{2.5}$ 的排放量共减少了 29%（见图 1-6）。排放量下降的主要原因是能源、工业和运输部门排放量减少，部分原因是其他欧盟法规标准（如《工业排放指令》《大型燃烧装置指令》和欧洲标准）设定了特定行业及车辆的排放限值。

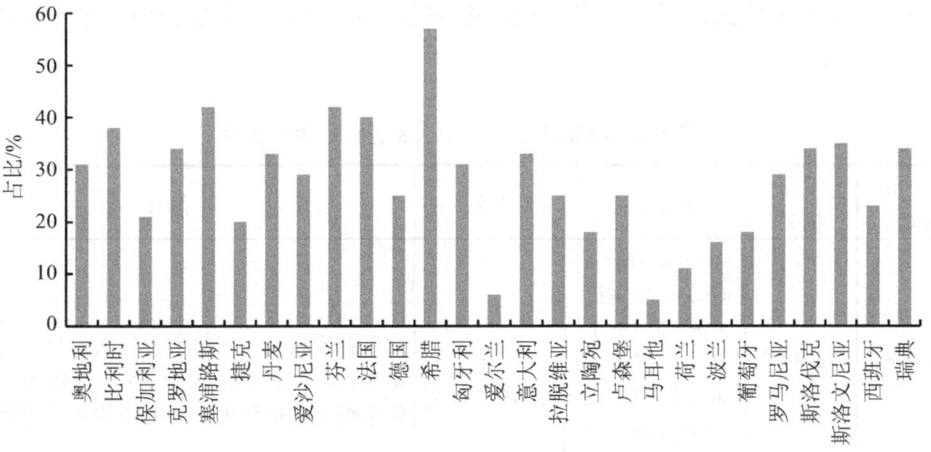


图 1-6 2005—2019 年欧盟成员国主要空气污染物减排率

欧盟是因为光化学活性而管控 VOCs 的，但由于对 VOCs 光化学活性的理解不够深入，以及受总量控制思路的影响，欧盟并没有将 VOCs 作为一类特殊的污染物进行管控，从而影响了最终的管控效果。虽然在主要环节进行了长时间的减排工作，但是臭氧浓度没有明显降低，很多地区甚至仍然存在超标现象，而 $PM_{2.5}$ 的环境浓度不降反升，值得深思。

同时，由于对 VOCs 的光化学活性认识不足，欧盟也没有发展出有效的有毒有害大气污染物管控体系，这与美国相比，也是严重滞后的。

## 1.4 我国挥发性有机物管控政策情况

近年来，随着经济的迅速发展，由于工业、居民生活等排放的 VOCs 人为源总量逐年增加，导致光化学烟雾、城市灰霾等复合型大气污染问题日益严重，有效控制 VOCs 已成为现阶段及今后相当长一段时间内我国大气环境治理领域的热点问题。为此，国家和地方相继出台了一系列的法规、标准、政策，强化对 VOCs 的管控。

### 1.4.1 国家层面

由于我国长期以来主要为煤烟型污染，大气污染物控制对象主要为 $SO_2$、$NO_x$、颗粒物等，对于管控 VOCs 还存在底数不清、控制技术及管理基础薄弱等问题，相比其他发达国家或地区，我国 VOCs 的管控起步较晚，但近几年国家层面密集出台了诸多文件及标准，体现出国家管控 VOCs 的决心。标准分为通用排放标准、行业排放标准及产品质量限值标准。其中，通用排放标准包括大气综合排放标准、恶臭污染物排放标准及挥发性有机物无组织排放控制标准。从整体来看，国家层面对 VOCs 实施重点管控始于 2010 年，“十二五”期间不断摸索，“十三五”期间不断完善，“十四五”期间加快解决落地问题（见表 1-3 和表 1-4）。

**表 1-3 我国出台涉及 VOCs 管控的主要文件**

| 序号 | 发布时间 | 发布机关 | 文件名称 | 文号 | 简介 |
|---|---|---|---|---|---|
| 1 | 2010 年 5 月 | 国务院办公厅 | 《国务院办公厅转发环境保护部等部门关于推进大气污染联防联控工作改善区域空气质量指导意见的通知》 | 国办发〔2010〕33 号 | 文件首次将 VOCs 作为大气联防联控的重点污染物提出，要求开展 VOCs 污染防治，并将光化学烟雾污染作为需要解决的重点问题提出 |
| 2 | 2011 年 12 月 | 国务院 | 《国家环境保护“十二五”规划》 | 国发〔2011〕42 号 | 加强挥发性有机污染物和有毒废气控制。加强石化行业生产、输送和存储过程挥发性有机污染物排放控制。鼓励使用水性、低毒或低挥发性的有机溶剂，推进精细化工行业有机废气污染治理，加强有机废气回收利用。实施加油站、油库和油罐车的油气回收综合治理工程。开展挥发性有机污染物和有毒废气监测，完善重点行业污染物排放标准 |
| 3 | 2012 年 10 月 | 环境保护部、国家发展和改革委员会、财政部 | 《重点区域大气污染防治“十二五”规划》 | 环发〔2012〕130 号 | 该文件是我国首部大气污染防治的综合性规划，综合分析空气质量改善存在的问题，并提出对策建议。文件提出我国 VOCs 控制薄弱，未纳入环境统计管理体系、底数不清，缺少 VOCs 排放标准体系。文件提出到 2015 年 VOCs 污染防治工作全面开展，提出“十二五”期间重点区域 VOCs 排放削减比例，排放 VOCs 的项目实现排放减量替代，并把 VOCs 控制作为建设项目环评的重要内容，开展 VOCs 摸底调查并完善重点行业 VOCs 排放控制要求和政策体系，完善 VOCs 排污收费政策 |

| 序号 | 发布时间 | 发布机关 | 文件名称 | 文号 | 简介 |
|---|---|---|---|---|---|
| 4 | 2013年5月 | 环境保护部 | 《挥发性有机物（VOCs）污染防治技术政策》 | 公告2013年第31号 | 该技术政策为指导性文件，包括对生产VOCs物料和含VOCs产品的生产、储存、运输、销售、使用、消费等各环节的污染防治策略和方法，并提出源头和过程控制与末端治理相结合的综合防治原则 |
| 5 | 2013年9月 | 国务院 | 《大气污染防治行动计划》 | 国发〔2013〕37号 | 文件对各类排放源全面提出了减排任务要求，是5年内大气污染防治的纲领性文件。提出在石化、有机化工、表面涂装、包装印刷等行业实施挥发性有机物综合整治，在石化行业开展“泄漏检测与修复”技术改造。限时完成加油站、储油库、油罐车的油气回收治理，在原油成品油码头积极开展油气回收治理。完善涂料、胶粘剂等产品挥发性有机物限值标准，推广使用水性涂料，鼓励生产、销售和使用低毒、低挥发性有机溶剂。推进非有机溶剂型涂料和农药等产品创新，减少生产和使用过程中挥发性有机物排放。将挥发性有机物排放是否符合总量控制要求作为建设项目环境影响评价审批的前置条件。将挥发性有机物纳入排污费征收范围 |
| 6 | 2014年3月 | 环境保护部办公厅 | 《关于落实大气污染防治行动计划严格环境影响评价准入的通知》 | 环办〔2014〕30号 | 从严格环境影响评价准入，促进环境空气质量改善的角度出发。文件提出排放挥发性有机污染物的项目，必须落实相关污染物总量减排方案，上一年度环境空气质量相关污染物年平均浓度不达标的城市，应进行倍量削减替代。石化、有机化工、表面涂装、包装印刷、原油成品油码头、储油库、加油站项目，必须采取严格的挥发性有机物排放控制措施 |
| 7 | 2014年8月 | 环境保护部 | 《大气挥发性有机物源排放清单编制技术指南（试行）》 | 公告2014年第55号 | 文件主要用于指导城市及区域开展大气VOCs排放清单编制，文件中提出的核算方法主要是排放系数，相对来说对溶剂使用等相对简单的排放源适用性较强，但对于石化行业等生产工艺复杂的排放源则有一定偏差。但文件的发布有助于摸清区域或全国整体VOCs排放情况 |
| 8 | 2015年6月 | 财政部、国家发展和改革委员会、环境保护部 | 《挥发性有机物排污收费试点办法》 | 财税〔2015〕71号 | 该文件以石油化工行业和包装印刷行业为试点，首次提出VOCs的排污费征收、使用和管理要求，成为国家层面控制VOCs的主要经济手段 |

| 序号 | 发布时间 | 发布机关 | 文件名称 | 文号 | 简介 |
|---|---|---|---|---|---|
| 9 | 2015年7月 | 环境保护部、国家发展和改革委员会 | 《关于贯彻实施国家主体功能区环境政策的若干意见》 | 环发〔2015〕92号 | 文件仅提出了“珠江三角洲地区推进二氧化硫、氮氧化物、颗粒物和挥发性有机物等多种污染物协同减排，强化区域大气污染联防联控”，并未提出更详细的内容 |
| 10 | 2015年8月 | 中华人民共和国全国人民代表大会 | 《中华人民共和国大气污染防治法》 | 中华人民共和国主席令第三十一号 | 法律首次将VOCs纳入管控目标，从生产、销售、使用等环节对VOCs提出了管理要求，并提出生产、销售、进口VOCs含量不符合质量标准或要求的原材料和产品，以及产生VOCs废气的生产和服务活动等违法情形和处罚规定 |
| 11 | 2015年11月 | 环境保护部办公厅 | 《石化行业VOCs污染源排查工作指南》《石化企业泄漏检测与修复工作指南》 | 环办〔2015〕104号 | 排查工作指南以污染源归类解析的思想，将石化企业VOCs排放源分成12类，并给出排查的基本流程、各源项的不同计算方法，企业开展工作越详细、获取信息越多，核算结果越接近实际情况；泄漏检测与修复（LDAR）工作指南规定了石化企业开展LDAR工作的基本工作方法，各类密封点的检测位置、检测方法、仪器要求、质量控制等。两个文件虽非强制性推行，但对促进企业实现全过程精细化管理具有一定的指导作用 |
| 12 | 2016年2月 | 环境保护部办公厅 | 《关于规划环境影响评价加强空间管制、总量管控和环境准入的指导意见（试行）》 | 环办环评〔2016〕14号 | 在规划环评层面关注VOCs作为总量管控的主要污染物 |
| 13 | 2016年3月 | 中华人民共和国全国人民代表大会 | 《中华人民共和国国民经济和社会发展第十三个五年规划纲要》 | — | 在重点区域、重点行业推进挥发性有机物排放总量控制，全国排放总量下降10%以上。国家首次将VOCs管控纳入国家发展规划 |
| 14 | 2016年4月 | 环境保护部 | 《关于积极发挥环境保护作用促进供给侧结构性改革的指导意见》 | 环大气〔2016〕45号 | 供给侧改革是我国产业结构调整的重要手段，文件提出组织开展VOCs治理等领域先进适用技术的经验交流和试点示范；研究增加排污收费种类，推动对挥发性有机物和施工扬尘等征收排污费。文件的发布对当时VOCs排污费征收起到了推动作用，同时对今后一段时间开展VOCs治理试点提供了政策依据 |

| 序号 | 发布时间 | 发布机关 | 文件名称 | 文号 | 简介 |
|---|---|---|---|---|---|
| 15 | 2016年7月 | 工业和信息化部、财政部 | 《重点行业挥发性有机物削减行动计划》 | 工信部联节〔2016〕217号 | 该文件认为工业VOCs排放占总排放量的50%以上，其中石油炼制与石油化工、涂料、油墨、胶粘剂、农药、汽车、包装印刷、橡胶制品、合成革、家具、制鞋等行业VOCs排放量占工业排放总量的80%以上。文件提出到2018年工业行业VOCs排放量比2015年削减330万t以上，并提出农药、涂料、胶粘剂、油墨行业实施原料替代，石油炼制与石油化工、橡胶制品、包装印刷、制鞋、合成革、家具、汽车行业实施工艺技术改造 |
| 16 | 2016年11月 | 国务院 | 《"十三五"生态环境保护规划》 | 国发〔2016〕65号 | 该文件是我国"十三五"期间生态环境保护的顶层设计，对重点地区重点行业提出排放和总量控制要求，将挥发性有机物综合治理纳入环境治理保护重点工程。文件提出全国排放总量下降10%以上；完善挥发性有机物排放标准体系，全面启动挥发性有机物污染防治，长三角地区全面推进炼油、石化、工业涂装、印刷等行业挥发性有机物综合整治；珠三角地区重点推进石化、化工、油品储运销、汽车制造、船舶制造（维修）、集装箱制造、印刷、家具制造、制鞋等行业开展挥发性有机物综合整治 |
| 17 | 2016年12月 | 国务院 | 《"十三五"节能减排综合工作方案》 | 国发〔2016〕74号 | 提出全国挥发性有机物排放总量比2015年下降10%以上。在重点行业、重点区域推进挥发性有机物排放总量控制。以削减挥发性有机物、持久性有机物、重金属等污染物为重点，实施重点行业、重点领域工业特征污染物削减计划。大力推进石化、化工、印刷、工业涂装、电子信息等行业挥发性有机物综合治理。出台涂料、油墨、胶粘剂、清洗剂等有机溶剂产品挥发性有机物含量限值强制性环保标准，控制集装箱、汽车、船舶制造等重点行业挥发性有机物排放。修订《储油库大气污染物排放标准》《加油站大气污染物排放标准》，推进储油储气库、加油加气站、原油成品油码头、原油成品油运输船舶和油罐车、气罐车等油气回收治理工作。实施石化、化工、工业涂装、包装印刷等重点行业挥发性有机物治理工程，到2020年石化企业基本完成挥发性有机物治理。研究扩大挥发性有机物排放行业排污费征收范围 |

| 序号 | 发布时间 | 发布机关 | 文件名称 | 文号 | 简介 |
|---|---|---|---|---|---|
| 18 | 2017 年 9 月 | 环境保护部、国家发展和改革委员会、财政部、交通运输部、国家质量监督检验检疫总局、国家能源局 | 《“十三五”挥发性有机物污染防治工作方案》 | 环大气〔2017〕121 号 | 该文件为“十三五”期间我国 VOCs 管控的顶层设计，提出推进 VOCs 与 $NO_x$ 协同减排，建立 VOCs 污染防治长效机制，到 2020 年排放总量下降 10%以上，规定重点地区、重点行业、重点污染物，将加大产业结构调整力度、加快实施工业源 VOCs 污染防治作为主要任务 |
| 19 | 2019 年 6 月 | 生态环境部 | 《重点行业挥发性有机物综合治理方案》 | 环大气〔2019〕53 号 | 该文件的制定是为了深入实施《“十三五”挥发性有机物污染防治工作方案》，加强对各地工作指导，提高 VOCs 治理的科学性、针对性和有效性，协同控制温室气体排放。文件明确了形势与问题、VOCs 污染存在的主要问题、主要目标、控制思路与要求及重点行业治理任务等 |
| 20 | 2020 年 6 月 | 生态环境部 | 《2020 年挥发性有机物治理攻坚方案》 | 环大气〔2020〕33 号 | 为贯彻落实《打赢蓝天保卫战三年行动计划》（国发〔2018〕22 号）有关要求，确保完成“十三五”环境空气质量改善目标任务，把 VOCs 治理攻坚作为打赢蓝天保卫战收官的重要任务，统筹疫情防控、经济社会平稳健康发展，坚持精准治污、科学治污、依法治污，切实做到问题精准、时间精准、区位精准、对象精准、措施精准，方案明确了“十三五”期间各项任务措施的落实要求和保障机制 |
| 21 | 2021 年 8 月 | 生态环境部 | 《关于加快解决当前挥发性有机物治理突出问题的通知》 | 环大气〔2021〕65 号 | 文件在继承过去行之有效的工作基础上，加快解决当前挥发性有机物治理存在的突出问题，推动环境空气质量持续改善和“十四五”VOCs 减排目标顺利完成。明确了 10 个方面的重点突出问题、排查检查要点和治理要求 |

表 1-4 我国出台涉及 VOCs 管控的排放标准

| 序号 | 标准名称 | 标准编号 |
|---|---|---|
| 1 | 《恶臭污染物排放标准》 | GB 14554—1993 |
| 2 | 《大气污染物综合排放标准》 | GB 16297—1996 |
| 3 | 《合成革与人造革工业污染物排放标准》 | GB 21902—2008 |
| 4 | 《橡胶制品工业污染物排放标准》 | GB 27632—2011 |
| 5 | 《炼焦化学工业污染物排放标准》 | GB 16171—2012 |
| 6 | 《轧钢工业大气污染物排放标准》 | GB 28665—2012 |
| 7 | 《电池工业污染物排放标准》 | GB 30484—2013 |
| 8 | 《石油炼制工业污染物排放标准》 | GB 31570—2015 |
| 9 | 《石油化学工业污染物排放标准》 | GB 31571—2015 |
| 10 | 《合成树脂工业污染物排放标准》 | GB 31572—2015 |
| 11 | 《烧碱、聚氯乙烯工业污染物排放标准》 | GB 15581—2016 |
| 12 | 《挥发性有机物无组织排放控制标准》 | GB 37822—2019 |
| 13 | 《制药工业大气污染物排放标准》 | GB 37823—2019 |
| 14 | 《涂料、油墨及胶粘剂工业大气污染物排放标准》 | GB 37824—2019 |
| 15 | 《储油库大气污染物排放标准》 | GB 20950—2020 |
| 16 | 《油品运输大气污染物排放标准》 | GB 20951—2020 |
| 17 | 《加油站大气污染物排放标准》 | GB 20952—2020 |
| 18 | 《铸造工业大气污染物排放标准》 | GB 39726—2020 |
| 19 | 《农药制造工业大气污染物排放标准》 | GB 39727—2020 |
| 20 | 《陆上石油天然气开采工业大气污染物排放标准》 | GB 39728—2020 |
| 21 | 《油墨中可挥发性有机化合物（VOCs）含量的限值》 | GB 38507—2020 |
| 22 | 《木器涂料中有害物质限量》 | GB 18581—2020 |
| 23 | 《建筑用墙面涂料中有害物质限量》 | GB 18582—2020 |
| 24 | 《车辆涂料中有害物质限量》 | GB 24409—2020 |
| 25 | 《工业防护涂料中有害物质限量》 | GB 30981—2020 |
| 26 | 《胶粘剂挥发性有机化合物限量》 | GB 33372—2020 |
| 27 | 《清洗剂挥发性有机化合物含量限值》 | GB 38508—2020 |

### 1.4.2 地方层面

随着对灰霾和臭氧关注度的不断提升，我国正式将 VOCs 的管控写入国家政策文件，各省、自治区、直辖市逐步将 VOCs 管控提上日程。通过对各省、自治区、直辖市、特别行政区及台湾地区生态环境主管部门公开的涉及 VOCs 管控的文件进行收集整理，本书共收集了重点地区的15个省级生态环境主管部门和台湾地区公开的70项行政文件（见表1-5）。

表1-5 我国部分省（市）和台湾地区生态环境主管部门发布的VOCs管控文件

| 序号 | 省份 | 文件名称 | 文号 | 文件类别 | 涉及行业 |
|---|---|---|---|---|---|
| 1 | 安徽 | 《安徽省挥发性有机物污染整治工作方案》 | — | 管理 | 石化、有机化工、表面涂装、包装印刷 |
| 2 | 北京 | 《北京市工业污染源挥发性有机物（VOCs）总量减排核算细则》 | 京环发〔2012〕305号 | 核算 | 炼油石化、汽车制造、家具制造、包装印刷、医药制造、半导体及电子制造、汽车修理等 |
| 3 | 北京 | 《北京市环境保护局关于印发〈挥发性有机物排污费征收细则〉的通知》 | 京环发〔2015〕33号 | 收费 | 石油化工、汽车制造、电子行业、印刷、家具制造 |
| 4 | 福建 | 《福建省重点行业挥发性有机物排放控制要求（试行）》 | 闽环保大气〔2017〕9号 | 管理 | 石油炼制、石油化工、加油站、储油库等 |
| 5 | 广东 | 《表面涂装（汽车制造业）挥发性有机物排放标准》 | DB 44/816—2010 | 标准 | 汽车 |
| 6 | 广东 | 《家具制造业挥发性有机物排放标准》 | DB 44/814—2010 | 标准 | 家具制造业 |
| 7 | 广东 | 《印刷业挥发性有机物排放标准》 | DB 44/815—2010 | 标准 | 印刷业 |
| 8 | 广东 | 《制鞋业挥发性有机物排放标准》 | DB 44/817—2010 | 标准 | 制鞋业 |
| 9 | 广东 | 《关于珠江三角洲地区严格控制工业企业挥发性有机物（VOCs）排放的意见》 | 粤环〔2012〕18号 | 管理 | 工业 |
| 10 | 广东 | 《广东省印刷行业挥发性有机化合物废气治理技术指南》 | 粤环〔2013〕79号 | 技术 | 印刷业 |
| 11 | 广东 | 《广东省挥发性有机物（VOCs）整治与减排工作方案（2018—2020年）》 | 粤环发〔2018〕6号 | 管理 | 石化、化工、工业涂装、印刷、制鞋、电子制造、机动车、油品储运销 |
| 12 | 广东 | 《广东省家具制造行业挥发性有机化合物废气治理技术指南》 | 粤环〔2014〕116号 | 技术 | 家具制造行业 |
| 13 | 广东 | 《广东省制鞋行业挥发性有机废气治理技术指南》 | 粤环〔2015〕4号 | 技术 | 制鞋业 |
| 14 | 广东 | 《广东省表面涂装（汽车制造业）挥发性有机废气治理技术指南》 | 粤环〔2015〕4号 | 技术 | 汽车制造业 |
| 15 | 广东 | 《广东省环境保护厅关于开展固定污染源挥发性有机物排放重点监管企业综合整治工作指引》 | 粤环函〔2016〕1054号 | 管理 | — |
| 16 | 广东 | 《2017年珠江三角洲地区臭氧污染防治专项行动实施方案》 | 粤环函〔2017〕1373号 | 管理 | 重点行业 |

| 序号 | 省份 | 文件名称 | 文号 | 文件类别 | 涉及行业 |
|---|---|---|---|---|---|
| 17 | 广东 | 《广东省生态环境厅关于做好重点行业建设项目挥发性有机物总量指标管理工作的通知》 | 粤环发〔2019〕2号 | 管理 | 炼油与石化、化学原料和化学制品制造、化学药品原料药制造、合成纤维制造、表面涂装、印刷、制鞋、家具制造、人造板制造、电子元件制造、纺织印染、塑料制造及塑料制品等12个行业 |
| 18 | 河北 | 《青霉素类制药挥发性有机物和恶臭特征污染物排放标准》 | DB 13/2208—2015 | 标准 | 制药业 |
| 19 | 河北 | 《工业企业挥发性有机物排放控制标准》 | DB 13/2322—2016 | 标准 | 工业 |
| 20 | 河北 | 《关于制定石油化工及包装印刷试点行业挥发性有机物排污费征收标准的通知》 | 冀发改价格〔2016〕604号 | 收费 | 石油化工、包装印刷 |
| 21 | 河南 | 《河南省石化行业挥发性有机物综合治理计划》 | 豫环文〔2015〕67号 | 管理 | 石化行业 |
| 22 | 河南 | 《河南省环境保护厅关于扎实做好排污费征收标准调整工作和挥发性有机物收费试点工作的通知》 | — | 收费 | 石油化工、包装印刷 |
| 23 | 河南 | 《河南省2017年挥发性有机物专项治理工作方案》 | 豫环文〔2017〕160号 | 管理 | 石油炼制、石油化学、农药、医药和塑料制品制造、汽车制造、家具、工程机械、钢结构、卷材、包装印刷、车用油品、机动车、加油站、汽车修理、餐饮油烟、小喷涂和小化工作坊 |
| 24 | 黑龙江 | 《关于开展重点行业挥发性有机物污染源排查的通知》 | 黑环办〔2015〕77号 | 管理 | 石化、有机化工、表面涂装、包装印刷、医药制造 |
| 25 | 黑龙江 | 《黑龙江省石化行业挥发性有机物综合整治推进方案》 | — | 管理 | 石化行业 |
| 26 | 江苏 | 《关于建立江苏省工业企业挥发性有机物污染治理档案的通知》 | — | 管理 | 化工 |
| 27 | 江苏 | 江苏省大气污染防治联席会议办公室《关于开展挥发性有机物污染防治工作的指导意见》 | 苏大气办〔2012〕2号 | 管理 | 石油炼制、石油化工、有机化工、家具制造、化学品原药制造、建筑装修、餐饮油烟、干洗 |
| 28 | 江苏 | 《江苏省化工企业挥发性有机物污染整治验收办法（试行）》 | — | 管理 | 化工 |
| 29 | 江苏 | 《江苏省化学工业挥发性有机物无组织控制技术指南》 | 苏环办〔2016〕95号 | 技术 | 化学工业 |
| 30 | 江苏 | 《江苏省重点行业挥发性有机物排放量计算暂行办法》 | 苏环办〔2016〕154号 | 核算 | 石油化工、有机化工、表面涂装、包装印刷 |

| 序号 | 省份 | 文件名称 | 文号 | 文件类别 | 涉及行业 |
|---|---|---|---|---|---|
| 31 | 江苏 | 《表面涂装（汽车制造业）挥发性有机物排放标准》 | DB 32/2862—2016 | 标准 | 汽车制造业 |
| 32 | 江西 | 《江西省有机化工等行业挥发性有机物综合整治方案》 | 赣环大气字〔2017〕54号 | 管理 | 有机化工、医药、表面涂装、塑料制品、包装印刷 |
| 33 | 山东 | 《山东省重点行业挥发性有机物综合整治方案》 | — | 管理 | 石化、有机化工、表面涂装、包装印刷 |
| 34 | 山东 | 《山东省重点行业挥发性有机物专项治理方案》 | 鲁环发〔2016〕162号 | 管理 | 石化、有机化工、表面涂装、包装印刷等重点行业 |
| 35 | 山东 | 《关于挥发性有机物排污收费等有关问题的通知》 | 鲁价费发〔2016〕47号 | 收费 | 石油化工、包装印刷 |
| 36 | 陕西 | 《关于印发陕西省重点行业挥发性有机物第一轮综合整治方案（2015—2017年）的通知》 | 陕环发〔2015〕90号 | 管理 | 石化、有机化工、表面涂装、包装印刷、家具制造、电子制造、餐饮服务 |
| 37 | 陕西 | 《挥发性有机物排放控制标准》 | DB 61/T1061—2017 | 标准 | 汽车整车制造、印刷、木质家具制造、医药制造、电子产品制造、涂料与油墨及类似产品制造、橡胶制品制造、表面涂装 |
| 38 | 上海 | 《上海市重点化工企业（区）挥发性有机物（VOCs）控制试点工作实施方案》 | 沪环保总〔2011〕194号 | 管理 | 化工行业 |
| 39 | 上海 | 《关于加强本市重点行业挥发性有机物（VOCs）污染防治工作的通知》 | 沪环保防〔2012〕422号 | 管理 | 石化、有机化工、电子元器件制造（半导体制造等）、化学药品原药制造(生物制药等)、包装印刷、装备制造涂装（汽车制造、船舶制造等）、合成材料、塑料产品制造、电子电器产品制造、干洗、汽车修理等 |
| 40 | 上海 | 《上海市工业固定源挥发性有机物治理技术指引》 | SEPB-VOCs BAT-201307-001（R1） | 技术 | 工业 |
| 41 | 上海 | 《关于开展本市干洗行业挥发性有机物污染专项整治工作的通知》 | 沪环保防〔2013〕408号 | 管理 | 干洗行业 |
| 42 | 上海 | 《设备泄漏挥发性有机物排放控制技术规程（试行）》 | 沪环保防〔2014〕327号 | 技术 | — |
| 43 | 上海 | 《上海市挥发性有机物（VOCs）排污收费试点实施办法》 | — | 收费 | 石油化工、包装印刷、涂料油墨生产、汽车制造、船舶制造 |
| 44 | 上海 | 《关于开展本市重点行业挥发性有机物综合治理工作的通知》 | 沪环气〔2020〕41号 | 管理 | 石化化工、工业涂装、包装印刷、油品储运销 |

| 序号 | 省份 | 文件名称 | 文号 | 文件类别 | 涉及行业 |
|---|---|---|---|---|---|
| 45 | 上海 | 《上海市工业挥发性有机物减排企业污染治理项目专项扶持操作办法》 | 沪环保防〔2015〕325 号 | 管理 | — |
| 46 | 上海 | 《上海市船舶工业涂装过程挥发性有机物控制技术指南》 | — | 技术 | 船舶工业 |
| 47 | 上海 | 《上海市涂料、油墨及其类似产品制造工业挥发性有机物控制技术指南》 | — | 技术 | 制造业 |
| 48 | 上海 | 《上海市印刷业 VOCs 排放量计算方法（试行）》 | — | 核算 | 印刷业 |
| 49 | 上海 | 《上海市汽车制造业（涂装）VOCs 排放量计算方法（试行）》 | — | 核算 | 汽车制造业 |
| 50 | 上海 | 《上海市印刷业挥发性有机物控制技术指南》 | — | 技术 | 印刷业 |
| 51 | 上海 | 《上海市船舶工业 VOCs 排放量计算方法（试行）》 | — | 核算 | 船舶工业 |
| 52 | 上海 | 《上海市石化行业 VOCs 排放量计算方法（2017 年修订）》 | 沪环保防〔2017〕136 号 | 核算 | 石化行业 |
| 53 | 上海 | 《上海市涂料油墨制造业 VOCs 排放量计算方法（2017 年修订）》 | 沪环保防〔2017〕136 号 | 核算 | 涂料油墨制造业 |
| 54 | 上海 | 《上海市工业企业挥发性有机物排放量通用计算方法（试行）》 | 沪环保总〔2017〕70 号 | 核算 | 除已发布核算方法外的其他行业 |
| 55 | 上海 | 《上海市环境保护局关于加快推进工业挥发性有机物治理项目审核和资金补贴工作的通知》 | 沪环保防〔2017〕140 号 | 管理 | — |
| 56 | 四川 | 《四川省固定污染源大气挥发性有机物排放标准》 | DB 51/2377—2017 | 标准 | — |
| 57 | 台湾 | 《挥发性有机物空气污染管制及排放标准》 | — | 标准 | — |
| 58 | 天津 | 《天津市工业企业挥发性有机物排放控制标准》 | DB 12/524—2014 | 标准 | 工业 |
| 59 | 天津 | 《天津市泄漏检测与修复项目挥发性有机物排放量核算方法（暂行）》 | — | 核算 | 石油炼制和石油化学行业设备与管线 |
| 60 | 天津 | 《天津市石油化工和包装印刷行业挥发性有机物排污费征收标准实施细则（试行）》 | 津环保财〔2016〕177 号 | 收费 | 石油化工、包装印刷 |
| 61 | 天津 | 《关于加强挥发性有机物（VOCs）排污收费工作的通知》 | — | 收费 | — |
| 62 | 浙江 | 《关于印发〈浙江省挥发性有机物污染整治方案〉的通知》 | 浙环发〔2013〕54 号 | 管理 | — |
| 63 | 浙江 | 《浙江省工业企业挥发性有机物泄漏检测与修复（LDAR）技术要求》 | 浙环办函〔2015〕113 号 | 技术 | 工业 |

| 序号 | 省份 | 文件名称 | 文号 | 文件类别 | 涉及行业 |
|---|---|---|---|---|---|
| 64 | 浙江 | 《浙江省涂装行业挥发性有机物污染整治规范》 | 浙环函〔2015〕402号 | 技术 | 涂装行业 |
| 65 | 浙江 | 《浙江省印刷和包装行业挥发性有机物污染整治规范》 | 浙环函〔2015〕402号 | 技术 | 印刷和包装行业 |
| 66 | 浙江 | 《浙江省化学合成类制药工业大气污染物排放标准》 | DB 33/2015—2016 | 标准 | 制药行业 |
| 67 | 浙江 | 《关于做好浙江省挥发性有机物排污收费试点工作的通知》 | — | 收费 | 石油化工、包装印刷 |
| 68 | 浙江 | 《浙江省工业涂装工序挥发性有机物排放量计算暂行方法》 | 浙环发〔2017〕30号 | 核算 | 工业涂装 |
| 69 | 浙江 | 《关于做好挥发性有机物总量控制工作的通知》 | 浙环发〔2017〕29号 | 管理 | 石化、包装印刷、农药、医药、合成树脂、化纤、橡胶和塑料制品制造、工业涂装、合成革、制鞋、纺织印染 |
| 70 | 浙江 | 《浙江省挥发性有机物深化治理与减排工作方案（2017—2020年）》 | 浙环发〔2017〕41号 | 管理 | 石化、化工、工业涂装、包装印刷等 |

从整体来看，我国各省份VOCs的管控力度基本与各省份经济发达程度以及工业生产情况相关，长三角、珠三角、京津冀地区近几年来既是经济高速发展的区域，同时也是$PM_{2.5}$、$O_3$污染的重灾区，地方生态环境主管部门对VOCs的管控力度远高于全国其他地区，涉及重点行业包括石化化工、制药、工业涂装、包装印刷等。

广东省属于我国较早开展VOCs管控的省份，2010年发布表面涂装业、家具制造业、制鞋业、印刷业4个行业的VOCs排放标准，标准中除排放限值要求外，还对生产工艺和管理提出了要求。近几年管控思路主要集中在各行业VOCs治理技术、核算等方面，并随着主要污染物由$PM_{2.5}$转为臭氧，从管控政策的角度也逐渐从单纯的VOCs减排转移到VOCs与$NO_x$的协同控制。

根据各省份文件的主要管控内容进行分类，约有38%属于管理类文件，且大部分省份均有发布，对相关行业提出开展综合整治等方面的管理要求；约有17%为VOCs管控标准，针对单行业管控的通常为“排放标准”，针对工业企业或多行业的综合性标准，突出了“排放控制标准”的要求，从整体来看，VOCs管控标准不单单通过限定排放浓度，同时还提出了工艺和管理要求；约有18%为技术类文件，主要是浙江、上海、江苏和广东等经济发达地区，为行业VOCs的污染防治工作提供整治规范、治理技术指南等；其余文件主要用于行业VOCs排放量核算和排污收费等工作。

## 1.5 我国工业企业挥发性有机物管控现状及常见问题

### 1.5.1 我国工业企业挥发性有机物管控现状

2010 年 5 月,《国务院办公厅转发环境保护部等部门关于推进大气污染联防联控工作改善区域空气质量指导意见的通知》(国办发〔2010〕33 号)正式从国家层面将挥发性有机物(VOCs)列为重点防控大气污染物。2013 年 9 月,国务院印发《大气污染防治行动计划》,将 VOCs 排放是否符合总量控制要求作为建设项目环境影响评价审批的前置条件,并纳入排污费征收范围。2015 年修订的《中华人民共和国大气污染防治法》充分体现了从源头、过程、管理到末端的全过程精细化管理,以及对多污染物(包括 $SO_2$、$NO_x$、颗粒物、VOCs 以及氨等)与温室气体实施协同控制的管控理念。在此理念指导下,国家又先后制定和颁布了《石化行业挥发性有机物综合整治方案》、《石化行业 VOCs 污染源排查工作指南》和《石化企业泄漏检测与修复工作指南》等技术规范和指南,初步形成了石化行业 VOCs 排放量核算方法、采样检测规范以及综合管控要求,有力地支撑了石化行业 VOCs 管控体系的完善与提升。随后,相关部门积极推进 VOCs 污染管控,密集出台相关政策、标准、规范、指南等系列文件,从减排、整治、收费等方面提出要求。2018 年 1 月,财政部、国家发展改革委、环境保护部和国家海洋局联合发布《关于停征排污费等行政事业性收费有关事项的通知》(财税〔2018〕4 号),《财政部 国家发展改革委 环境保护部关于印发〈挥发性有机物排污收费试点办法〉的通知》(财税〔2015〕71 号)同时废止。

“十三五”期间,我国环境保护工作进入新常态阶段,在大气环境方面,以细颗粒物($PM_{2.5}$)和臭氧($O_3$)为特征污染物的区域复合型污染逐渐取代了传统煤烟型污染,挥发性有机物(VOCs)、氨($NH_3$)、有毒有害大气污染物(HAPs)以及持久性有机物(POPs)等对区域或流域环境的影响也日渐凸显。为落实《中华人民共和国国民经济和社会发展第十三个五年规划纲要》《“十三五”生态环境保护规划》《“十三五”节能减排综合工作方案》相关要求,2017 年 9 月,环境保护部、国家发展改革委、财政部等六部委联合印发《“十三五”挥发性有机物污染防治工作方案》,全面加强 VOCs 污染防治工作,强化重点地区、重点行业、重点污染物的减排。但相较于 20 世纪 50 年代开始 VOCs 管控的美国、欧盟等发达国家和地区,我国 VOCs 管控研究尚处于起步阶段,污染控制仍面临诸多挑战和问题。

#### 1.5.1.1 VOCs 与常规污染物管控差异大且管控基础薄弱

与 $NO_x$、$SO_2$ 等常规污染物相比,VOCs 具有来源众多、污染源项广泛、物质种类繁多、无组织排放为主、排放量核算复杂等典型特点。VOCs排放来源包括石化、印刷、家具、汽车和船舶制造、油品及溶剂储运、电子等行业；污染源项包括设备动静密封点排放、污水收集/处理排放、循环水场排放、工艺有组织排放、工艺无组织排放、储存装卸过程排放等，其中大多数为无组织排放源；目前USEPA公布的VOCs物质为1 500多种/类，种类繁多；排放量核算复杂，涉及基础参数较多，如核算有机液体储存源项的排放量需统计周转量、储存温度、蒸气压等20余项参数。目前，从技术装备水平、人员认知能力等方面，对VOCs管控基础相对薄弱，因此，VOCs的管理控制不同于常规污染物的末端治理，须遵循全过程精细化过程管理的管控思路和理念。

#### 1.5.1.2 标准体系不健全，监测/检测方法相对滞后

我国针对VOCs污染防控的标准体系尚不健全，国家和地方密集出台的相关标准覆盖面较窄且VOCs的表征方式不统一。目前监测/检测方法相对滞后，主要体现在：

①前处理复杂：根据VOCs样品的状态，前处理有顶空、吹扫捕集、热脱附和溶剂解吸等多种形式，前处理复杂，对分析结果影响较大；

②定性难度大：采用气质联用仪进行定性，对分析人员要求较高，需结合企业的具体生产及工艺情况和仪器的谱图来确定可能存在的VOCs物质，再进一步用标准物质进行确定；

③全组分定量难度大：在定量分析时，分析标准中给定的标准物质只有60种左右，标准中不包含的VOCs物质，其标准物质难以获取，全组分定量分析难度较大。

#### 1.5.1.3 使用的估算方法不统一，多行业污染源项不明、各行业排放底数不清

在2016年全国环境保护工作会议中，环境保护部部长指出，全国VOCs排放量高达3 000多万t。华南理工大学2012年研究表明，我国人为源VOCs排放中工业源、移动源、生活源和其他占比分别为56%、22%、20%和3%，其中工业源中的石化化工、表面涂装、溶剂使用和储运占比分别为23%、21%、42%和14%。此外，中国环境科学研究院研究数据表明，我国VOCs排放总量约为2 014万t，其中工业过程、能源生产加工与储运、农村生物质燃烧、机动车尾气、厨房油烟、涂料使用占比分别为27%、9%、15%、28%、5%、16%；工业过程总排放量为548万t，其中化学原料及化学品生产、塑料制品生产、轮胎生产、化学原药制造、交通工具制造、纺织、皮革、制鞋、有色金属冶炼、造纸印刷和黑色金属冶炼占比分别为14%、2%、3%、16%、3%、32%、11%、1%、1%、16%和1%。还有研究显示，2019年我国人为源VOCs排放总量高达8 320万t，其中固定燃烧源是最重要的排放环节，排放占比达26%；其次是工艺过程，排放占比为24%；移动源和溶剂使用排放占比分别为22%和21%；储存和运输排放占比为7%。由于估算方法和基础数据来源不一，各类研究估算的结果差距较大，且多个行业污染源项不明，排放底数不清。

### 1.5.1.4 治理技术薄弱，管理模式及思路存在不足

2013 年，环境保护部出台了《挥发性有机物（VOCs）污染防治技术政策》，提出对生产 VOCs 物料和含 VOCs 产品的生产、储存、运输、销售、使用、消费等各环节的污染防治策略和方法。其中，工业源主要包括石油炼制与石油化工、煤炭加工与转化等含 VOCs 原料的生产行业，油类（燃油、溶剂等）储存、运输和销售过程，涂料、油墨、胶粘剂、农药等以 VOCs 为原料的生产行业，涂装、印刷、黏合、工业清洗等含 VOCs 产品的使用过程。自此，重点行业的污染防治可行技术指南、废气治理工程技术规范以及吸附法和燃烧法的工程技术规范陆续出台。国家层面已出台的与末端治理技术相关的文件见表 1-6。

表 1-6 国家层面已出台的末端治理技术相关文件

| 序号 | 文件名称 |
|---|---|
| 工程技术规范系列 | |
| 1 | 《包装印刷业有机废气治理工程技术规范》（HJ 1163—2021） |
| 2 | 《工业锅炉烟气治理工程技术规范》（HJ 462—2021） |
| 3 | 《石油炼制工业废气治理工程技术规范》（HJ 1094—2020） |
| 4 | 《陶瓷工业废气治理工程技术规范》（HJ 1092—2020） |
| 5 | 《蓄热燃烧法工业有机废气治理工程技术规范》（HJ 1093—2020） |
| 6 | 《铜冶炼废气治理工程技术规范》（HJ 2060—2018） |
| 7 | 《铅冶炼废气治理工程技术规范》（HJ 2049—2015） |
| 8 | 《吸附法工业有机废气治理工程技术规范》（HJ 2026—2013） |
| 9 | 《催化燃烧法工业有机废气治理工程技术规范》（HJ 2027—2013） |
| 污染防治可行技术指南系列 | |
| 1 | 《纺织工业污染防治可行技术指南》（HJ 1177—2021） |
| 2 | 《涂料油墨工业污染防治可行技术指南》（HJ 1179—2021） |
| 3 | 《汽车工业污染防治可行技术指南》（HJ 1181—2021） |
| 4 | 《家具制造工业污染防治可行技术指南》（HJ 1180—2021） |
| 5 | 《工业锅炉污染防治可行技术指南》（HJ 1178—2021） |
| 6 | 《印刷工业污染防治可行技术指南》（HJ 1089—2020） |
| 7 | 《陶瓷工业污染防治可行技术指南》（HJ 2304—2018） |
| 8 | 《炼焦化学工业污染防治可行技术指南》（HJ 2306—2018） |
| 环境保护产品技术要求 | |
| 1 | 《环境保护产品技术要求 工业有机废气催化净化装置》（HJ/T 389—2007） |
| 2 | 《环境保护产品技术要求 工业废气吸附净化装置》（HJ/T 386—2007） |
| 3 | 《环境保护产品技术要求 工业废气吸收净化装置》（HJ/T 387—2007） |

总体而言，VOCs 污染防治遵循源头和过程控制与末端治理相结合的综合防治原则。对于末端治理与综合利用，在工业生产过程中鼓励 VOCs 的回收利用，并优先鼓励在生

产系统内回用。对于含高浓度VOCs的废气，宜优先采用冷凝回收、吸附回收技术进行回收利用，并辅助以其他治理技术实现达标排放。对于含中等浓度VOCs的废气，可采用吸附技术回收有机溶剂，或采用催化燃烧和热力焚烧技术净化后达标排放，当采用催化燃烧和热力焚烧技术进行净化时，可进行余热回收利用。对于含低浓度VOCs的废气，有回收价值时可采用吸附技术、吸收技术对有机溶剂回收后达标排放；不宜回收时，可采用吸附浓缩燃烧技术、生物技术、吸收等技术净化后达标排放。含有有机卤素成分VOCs的废气，宜采用非焚烧技术处理。

此外，严格控制VOCs处理过程中产生的二次污染，对于催化燃烧和热力焚烧过程中产生的含硫、氮、氯等的无机废气，以及吸附、吸收、冷凝、生物等处理过程中所产生的含有机物废水，应处理达标后排放。对于不能再生的过滤材料、吸附剂及催化剂等净化材料，应按照国家固体废物管理的相关规定处理处置。

四川、广东、浙江等省根据其省内的主要行业类别，也出台了挥发性有机物污染防治可行技术指南。VOCs污染管理应优先选用源头控制技术，主要目标是不产生或少产生污染物，清洁原辅料、溶剂替代、设计优化等是源头控制的主要手段。我国企业VOCs源头控制技术的应用尚不广泛，还处于初级阶段，管理模式及思路存在不足。

## 1.5.2 我国工业企业挥发性有机物综合治理常见问题

### 1.5.2.1 企业未建立系统化管控思想

（1）企业偏重末端治理，忽视收集效率，综合管控效率核定有误

VOCs治理综合管控效率应为收集效率、去除效率和投用效率的综合体现，是全过程精细化管理的综合性考核指标，然而目前大部分企业将VOCs末端治理设施“去除效率”误等同于整个系统的“综合管控效率”，如部分企业有机液体装卸挥发治理措施将去除效率当作综合管控效率，由此反映出企业忽略了收集效率和治理设施投用效率在VOCs核算及管控中所起到的重要作用，不仅致使排放量核算有误，而且影响企业对开展相应减排措施的判断。

此外，虽然企业VOCs管控思想及日常管理水平正在逐渐提高和加强，但管控思想仍偏向于末端治理，更多考虑如何避免或降低监管部门对企业的行政处罚，不利于提升企业在国际同行中的竞争力。例如，个别石化化工企业装卸源项的去除效率为95%，而综合管控效率低于10%，虽投入大量资本，但未起到明显改善环境质量的作用。

（2）清洁生产水平及日常管理方面有待提高

我国针对VOCs污染管控的相关研究处于起步阶段，部分企业存在不达标情况，大多数企业的清洁生产水平有待提高。例如，部分企业的有机液体存储未安装油气回收设施；污水收集和输送未采取密闭设施，部分设施加盖收集但气密性有待加强；个别企业

火炬气无收集系统；部分有机液体仍采用喷溅式装载；个别企业的中间产品和产品装卸逸散较多，造成厂区环境的污染。

企业在 VOCs 日常管理方面也存在一些问题。涉及 VOCs 核算及管控的主要问题为参数统计有误，如某石化企业有机液体储存中用于储存的总周转量与实际周转量相差 3 倍；未建立挥发性有机物泄漏检测与修复（LDAR）管理制度；台账机制不健全，如部分企业对引燃设施和火炬的工作状态未进行连续记录；个别企业的火炬存在长明灯熄灭的情况等。

（3）排放源项识别不够全面，且存在差异

企业已开展有组织和无组织排放气的相关基本信息的统计工作，但针对 VOCs 污染源项识别不够全面且存在认识上的差异，如炼化企业除延迟焦化以外的其他生产或操作过程中也存在无组织排放源项但未统计排放量；甲醇制烯烃的聚丙烯装置离心干燥器排放气、环氧乙烷/乙二醇装置抽真空系统液相吸收后排放气和 $CO_2$ 排放气等部分工艺有组织排放源中的 VOCs 排放未统计；精对苯二甲酸（PTA）生产中间产品粗对苯二甲酸（CTA）装车的 VOCs 排放未统计；储罐周转量未考虑倒罐周转部分、部分溶剂储罐未纳入排放源项识别范围等。

#### 1.5.2.2 核算方法使用存在差异

（1）行业 VOCs 核算方法初步建成

2015 年 6 月，财政部、国家发展改革委和环境保护部联合发布了《关于印发〈挥发性有机物排污收费试点办法〉的通知》（财税〔2015〕71 号），包括石油化工行业和包装印刷行业的核算方法。2015 年 11 月，环境保护部发布了《石化行业 VOCs 污染源排查工作指南》，提出我国石化行业 VOCs 污染源排查及源强核算方法，分为实测法、公式方程法、物料衡算法、工程估算法、排放系数法，沿此顺序工作量减少、准确度降低、VOCs 核算量增大，其中部分方法参考 USEPA 推出的核算方法和模型，但由于国内外工艺路线、原料或产品的理化性质存在较大差异等，部分核算方法及排放系数适用性不强，未全面进行本土化。

2017—2020 年，根据《第二次全国污染源普查方案》（国办发〔2017〕82 号）的要求，VOCs 作为一项大气污染因子首次纳入普查，普查时期资料为 2017 年度，工业源普查范围为《国民经济行业分类》（GB/T 4754—2017）中采矿业，制造业，电力、热力、燃气及水生产和供应业的 666 个小类行业的全部工业企业。第二次全国污染源普查中将工业源 VOCs 正常工况下的有组织和无组织排放归类成 10 类源项，分别为设备动静密封点泄漏、有机液体储存、有机液体装卸、固体物料堆存、燃烧烟气、循环冷却水系统、工艺有组织、工艺无组织、废水集输储存处理、有机溶剂使用排放源。其中前 6 类源项，行业工艺特性较弱，归为公共源项，跨行业开展调查，建立所需关键参数的数据库，提出公共源项的核算方法和产排污系数。后 4 类源项行业特性较强，归为非公共源项，根据“产品、原料、工艺、规模”的四同组合，提出基于产品/原料的产污系数。各行业先确定源项范围，所有源项排放之和即为总排放量。基于第二次全国污染源普查，已建立一套相对完整的我国本土化工业源 VOCs 排放量核算方法。

（2）已出台的核算方法在使用中存在差异

由于各级培训不到位及相关一线工作人员认识偏差，企业在核算参数的理解、选取、确定及使用过程中存在差异，导致其自行核算结果与已经出台的石油化工行业的核算方法存在偏差。另外，核算过程中的人为误差与系统误差无法避免，VOCs 核算过程中误差会产生、传递与累积。具体表现在：

①缺失关键油品物性参数，只能使用已发布文件中的默认值。

部分企业无相关油品的雷德蒸气压及馏出温度，因此在计算储罐和有机液体装卸排放过程中，主要参考已发布文件中油品默认雷德蒸气压等参数，导致核算结果与实际情况存在较大差异。以裂解石脑油储罐为例，若无相应油品参数则代入轻石脑油数据，在 17℃下的真实蒸气压为 57.5 kPa，则相应内浮顶罐的边缘密封损失为 2.8 t/a，若按照雷德蒸气压 43.6 kPa 及相应馏出温度代入，17℃时的真实蒸气压为 22.9 kPa，相应内浮顶罐边缘密封损失为 0.9 t/a，两者相差 2.1 倍。油品真实蒸气压的计算未采用储存温度，个别企业采用低于储存温度的日均液体表面温度或环境温度，致使真实蒸气压结果偏低，核算排放量也偏低。

②缺少储罐 VOCs 排放核算的相关参数。

部分企业缺少储罐 VOCs 排放核算的相关参数，如盘缝因子、浮顶罐内壁油品附着情况、浮盘附件情况等。例如，浮顶罐油垢因子在一定程度上表现为罐壁或内浮顶罐支撑柱表面附着的有机液体厚度，并能反映出浮盘密封效果，由于已发布文件中油垢因子重锈是轻锈的 100 倍，对于某储罐，若按轻锈算 VOCs 排放量为 0.019 t/a；若按重锈计，则为 0.325 t/a，两者相差约 16 倍。

③盘缝长度因子未根据实际情况计算。

盘缝长度因子为盘缝长度与浮盘面积的比值，企业可选择已发布文件中提供的两个参考值或根据实际情况按公式法确定该参数。盘缝长度因子直接影响浮顶罐盘缝损失，对于某内浮顶罐，如果根据实际情况确定盘缝长度因子为 0.257，计算排放量为 0.348 t/a，而如果参照已发布文件中选取参数则为 4.8，计算排放量为 6.485 t/a，两者相差约 17.6 倍。

④废水源项和循环水源项未采用排查指南中系数。

已发布文件规定废水收集系统排放系数为 0.6 kg/m$^3$，部分企业选择非国家发布文件中的 0.032 kg/m$^3$，核算结果相差十余倍。部分企业用于核算循环水源项排放量的排放系数不足已发布文件中排放系数的 10%。

⑤LDAR 台账未建立或存在问题。

石化企业依据《石化企业泄漏检测与修复工作指南》（以下简称《指南》）开展 LDAR 工作，但存在个别企业尚未建立 LDAR 台账，核算采用的企业初步统计的密封点类型不全面、数量不足，未能全面反映设备动静密封点泄漏 VOCs 排放情况；或 LDAR 台账建立与《指南》不符，如将阀门划分为压盖和填料两个密封点、乙二醇识别为轻液、未统计不可达点等；开放式采样系统的开口管线未选用平均排放系数法；LDAR 未采用响应因子修正检测值，当受控设备的物料组分响应因子大于 3 时，LDAR 检测数据需要考虑根据响应因子进行调整，而个别企业存在响应因子未修正的问题。

除核算方法带来误差外，在数据采集、参数设计与采集过程中人为原因造成的误差同样不可忽视。对于 LDAR 工作而言，在数据采集阶段造成误差的原因很多，包括但不限于以下几点：a. 对工艺不熟悉，错误判断管道中的介质；b. 遗漏管线、阀门、法兰等，造成数据不完整；c. 检测人员操作不当，未按照相关操作要求正确使用检测仪器；d. 检测仪器使用不当，未按期进行仪器校核、漂移测定等；e. 后期整理过程中造成的数据丢失、覆盖、错乱；f. 未进行实际监测，随机填写核算的基础参数等。

⑥废气流量、组成等参数缺失。

部分企业未对燃烧烟气的流量、火炬气流量和组成等进行监测和记录；所有调研企业均未对装置停车检维修期间开盖排气的 VOCs 气体组分、分子量、体积分数等进行测量；部分关键参数根据日常经验估算，并不是实际测量或计算中获得；核算数据的真实性无法得到保障；企业提供的监测数据不具备统计意义。以上这些都会导致最终的结果出现偏差。

#### 1.5.2.3 污染治理设施缺失或运行效果不理想

目前，VOCs 治理技术主要包括溶剂吸附法、吸收法、热破坏法、生物膜法、电晕法、光分解法、等离子体分解法及组合技术等，但多数 VOCs 末端治理工艺技术大都存在工艺实用性差、治理成本高、综合效率低、集成性不足、管理维护工作量大等问题。总体上，我国 VOCs 的管控基础薄弱且主要集中在末端治理，对于材料升级替代、装备升级改造、工艺优化、过程检漏预警等的源头控制和过程控制研究薄弱；全过程整体解决方案、成套技术和装备的研发及工业化应用研究较少；技术人员素质和管理水平有待提高。

此外，部分污染治理设施缺失或运行效果不理想。例如，部分企业的装车设置油气回收设施，但现阶段尚未回收到物料或回收物料很少，综合管控效率很低；部分企业污水产生废气的 VOCs 处理设施运行效果差；部分企业的现场废气监测仪进行了一次采样，不具有统计意义，但一次数据显示个别排放源存在超标现象，如个别企业重整催化再生烟气、丁苯橡胶和顺丁橡胶尾气，酸性水罐排气和连续重整四合一加热炉排气，聚丙烯造粒机废气，CTA 料仓输送气，PTA 结晶和干燥尾气，常压吸收塔出口尾气，水煤浆锅炉烟气等；个别企业重整催化再生烟气中的非甲烷总烃和苯、丁苯尾气和顺丁橡胶尾气中的非甲烷总烃、顺丁橡胶尾气中的苯和正己烷等浓度存在超标现象，超标倍数为几倍到十几倍；个别企业的工艺尾气处理效率有待核实。

#### 1.5.2.4 VOCs 采样、监测及质量控制相关问题

目前石化行业 VOCs 综合整治基础相对薄弱，大部分企业不具备 VOCs 监测能力，少数具备监测能力的企业也基本未对工艺有组织尾气、废水和循环水等源项进行定期监测，以获取具有统计学意义的监测数据。企业未系统开展监测统计工作，监测频次及表征方式不统一，无法判断监测数值的有效性。

有组织排放及燃烧烟气的现场监测数据普遍大于企业上报数据。如燃烧烟气，部分企业提供的排放数据为实测基础上的保守估算值，现场监测表明，动力锅炉和加热炉的 VOCs 排放浓度值普遍远高于企业提供的实测值。除采样—监测—分析整个过程本身的系统误差，还可能是由于燃烧工况（如供氧量）的不稳定导致了燃烧效率的变化，致使监测数据存在差异。

# 2 挥发性有机物污染源排查的理论基础

## 2.1 全过程精细化管控思想——核心思想

目前 USEPA 公布的 VOCs 物质有 1 500 多种/类，种类繁多。VOCs 的控制相较于常规大气污染物（如 $SO_2$、$NO_x$ 等）具有排放源多、排放情况复杂等特点，因而，对于 VOCs 排放的控制应该有别于常规大气污染物的思路，即应由传统的单一型末端治理模式向集“管理控制、源头预防、过程控制以及末端治理”的全过程精细化管控思路与开放式监管模式于一体的系统思想转变（见图 2-1）。

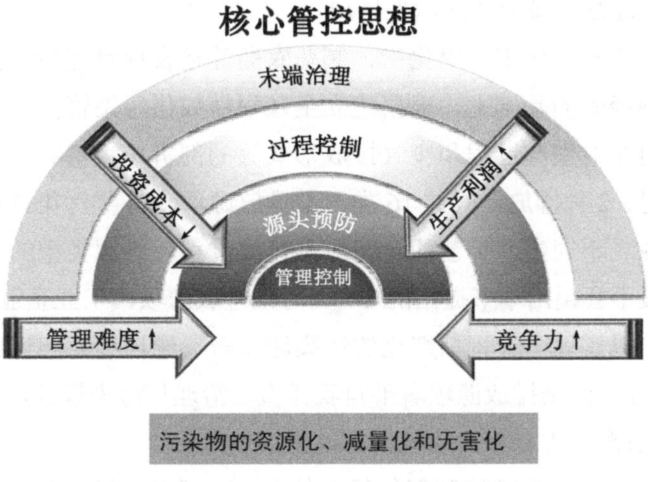


图 2-1　全过程精细化管控核心思想示意

在统一管控思路指导下，以管理控制为核心，结合“管理控制、源头预防、过程控制以及末端治理”的全过程精细化管控思想，构建企业申报、政府监管、公众参与以及社会监督的开放式、共享型 VOCs 综合管控平台（以下简称平台）。企业通过统一的格式报告，上传至平台，以大数据、“互联网+”技术为手段，为实现政府、企业、公众以及社会多元化 VOCs 治理提供便利工具。将 VOCs 排放量估算、排放申报、监管排查、监督、检测/监测、修复/治理、治理技术评估以及达标可行性分析等一系列工作，作为排污许可制度、环境影响评价、环境保护税以及总量控制等重要环境管理制度有效实施的科学依据。

基于上述核心思想、手段，平台可通过构建创新型 VOCs 环境管理模式，逐步实现固定源、移动源以及面源 VOCs 排放管控的有效整合；协调排污许可、环境影响评价、达标排放以及总量核算等核心环境管理制度的系统化优化和无缝式衔接；通过建立开放式、共享型监管模式，形成环境监测、环境监察和总量控制等相关部门数据联审制度，鼓励公众和社会组织参与数据监督和审核，强化信息公开、社会监督，为持续改善环境空气质量提供重要保障。

## 2.2 工业污染源归类解析——理论基础

传统的工业污染源分类方式有很多种，按污染物类型可分为废气、废水、固体废物等；按生产工况可分为正常工况排放、非正常工况排放、事故排放；按污染物排放形式可分为有组织排放、无组织排放；按污染源类型可分为点源、面源、体源、线源；按排放的连续性可分为连续性排放和间歇性排放。

本书在总结多年石化化工、煤化工、制药农药等建设项目环境保护管理工作和相关行业污染管理成熟经验的基础上，根据建立全过程精细化污染管控和开放式环境管理理念的原则，通过对企业生产过程和废气排放形式等的剖析，将工业企业的废气污染源归类为 3 种生产工况、2 种排放形式共 16 类污染排放源项。16 类污染排放源项基本可以覆盖不同类型的企业、不同生产工艺的各种污染排放过程，不同类型的企业和工艺可能存在差异性，但一般不会超出本书提出的 16 类污染排放源项，工业企业通过对 16 类污染排放源项的解析可以实现全过程精细化的污染源排查、源项核算和污染控制。有关污染企业均可以从这 16 类污染排放源项着手自我排查、治理与污染管控，监管部门同样可以从这 16 类污染排放源项进行相关的核查与监督。

归类解析体系起初是为了控制石化行业的 VOCs 排放，经过几年的完善，从最初的 9 类发展到现在的 16 类，基本可以包含各种石化化工、工业涂装、包装印刷等重点行业企业的大气污染排放源，也包含了 VOCs 在内的各种污染物排放。监管者在执法过程中易对号入座，尤其不会被石化化工企业有如迷宫般的门类所困惑；企业应用此方法，可以核查自身的薄弱环节，对症下药。针对这 16 类污染排放源项各自特点，分别制订和采取污染控制措施，包括设备、管件等硬件和管理、应急等软件，是环境污染控制向精细化迈进的基础。具体分类情况见表 2-1 和图 2-2。

表 2-1　工业企业废气污染源归类解析

| 序号 | 源项解析 | 排放形式 | 排放工况 |
|---|---|---|---|
| 1 | 设备与管线组件泄漏 | 有（无）组织 | 正常 |
| 2 | 挥发性有机液体储罐排放 | 有（无）组织 | 正常 |
| 3 | 挥发性有机液体装载排放 | 有（无）组织 | 正常 |
| 4 | 敞开液面 VOCs 逸散过程排放 | 有（无）组织 | 正常 |
| 5 | 燃烧烟气排放 | 有组织 | 正常 |
| 6 | 工艺过程 VOCs 有组织排放 | 有组织 | 正常 |
| 7 | 循环冷却水系统排放 | 有（无）组织 | 正常 |
| 8 | 含 VOCs 产品的使用过程排放 | 无组织 | 正常 |
| 9 | 工艺过程 VOCs 无组织排放 | 无组织 | 正常 |
| 10 | 采样过程排放 | 无组织 | 正常 |
| 11 | 涉 VOCs 固体物料堆存过程排放 | 有（无）组织 | 正常 |
| 12 | 厂内道路及非道路移动源排放 | 无组织 | 正常 |
| 13 | 洗车过程排放 | 有（无）组织 | 正常 |
| 14 | 非正常工况（含开停工及维修）排放 | 有（无）组织 | 非正常 |
| 15 | 事故排放 | 无组织 | 事故 |
| 16 | 火炬排放 | 有组织 | 非正常、正常 |

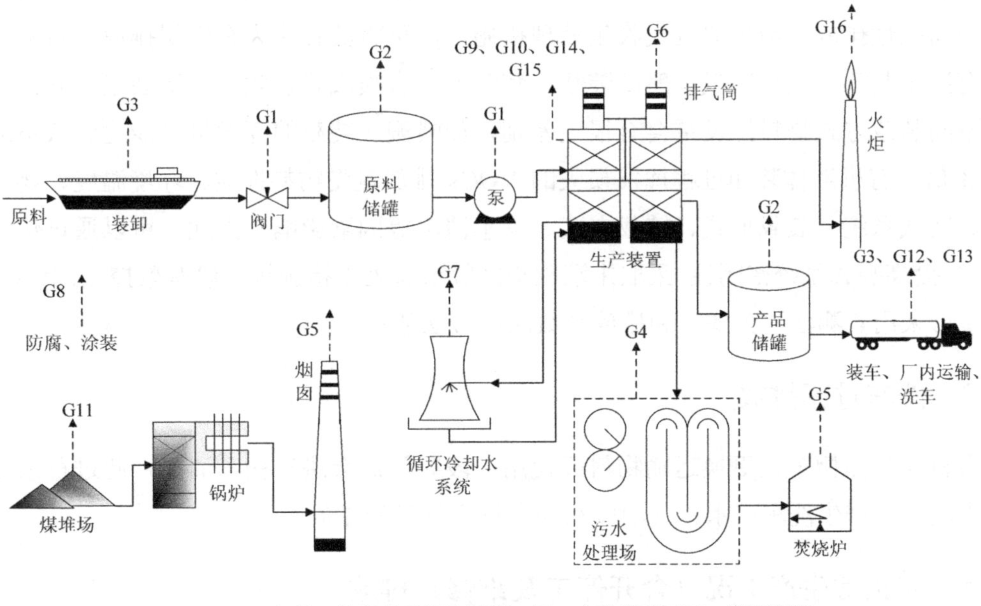


G：气体；数字表示污染源项，同一个数字表示同一类污染源。

图 2-2　工业企业废气污染源归类解析

本书研究内容涉及挥发性有机液体储罐排放、挥发性有机液体装载排放、洗车过程排放、非正常生产工况（含开停工及维修）排放、事故排放、火炬排放等。

### 2.2.1 挥发性有机液体储罐排放

几乎所有的工业企业都会涉及有机液体原料、中间品、产品的调和和储存。在调和和储存过程中，随着物料的进出，大小呼吸会产生大量的物料损失，排放大量的挥发性物质，属于正常工况下的排放，通常为间歇性排放；在静置过程中，罐体和浮盘之间等处也存在物料的挥发损失。当采取废气收集处理措施后，大部分无组织排放可转化为有组织排放。目前化工企业的储罐主要有固定顶罐、浮顶罐（内浮顶罐、外浮顶罐）、压力储罐等类型。同一物料在相同条件下采用固定顶罐和浮顶罐储存，前者物料损失量可能比后者大20倍以上。挥发性有机液体储罐VOCs排放主要受物料理化性质、储罐类型、附件选型、物料周转量、物料温度、环境条件、表面涂层等因素影响。因此，可以通过优化罐型、优化罐体设计、采取末端收集回收或者处理措施等手段有效控制其VOCs排放。其VOCs排放量可采用实测法、公式法等方法估算。

### 2.2.2 挥发性有机液体装载排放

汽油、柴油、石脑油、苯等有机液体在车、船装卸作业过程中，由于置换了车厢或船舱中的物料蒸气及物料本身的挥发，从而产生VOCs排放，也属于正常工况下的排放，通常为间歇性排放。当采取废气收集处理措施后，可将其转化为有组织排放。目前装载形式有汽车装载、火车装载、船舶装载，装载方式有喷溅式装载、液下装载和底部装载等。不同装载方式物料挥发量会有很大差别，如喷溅式装载的挥发量可能达到液下装载的近3倍。有机液体装卸过程挥发损失的VOCs排放量受物料性质、环境温度、物料周转量、装载系统、装载形式、转载方式、罐车情况等因素影响。因此，可以通过优化装载方式、提高装载系统密闭性、采取末端收集回收或者处理措施等手段有效控制。其VOCs排放量可采用实测法、公式法和排放系数法等方法估算。

### 2.2.3 洗车过程排放

有机化学品槽车在更换运输物料或使用一段时间后会进行槽车清洗，此过程采用蒸汽或水洗，会产生洗车废水、含油废水和有机废气等的排放。

### 2.2.4 非正常生产工况（含开停工及维修）排放

非正常生产工况（含开停工及维修）排放是指装置或设施处在开工、停工、抢修、小修、大检修及工艺参数超出设计阈值和工艺、设备等运行不稳定的生产状态时，物料泄放、喷溅和设备吹扫、清洗等过程产生和排放的污染物，以及“三废”处理设施运转不正常时排放的污染物，有无组织排放，也有有组织排放，是一种无规律性排放源。非正常工况的污染物排放主要受非正常工况类型与持续的时间、物料性质、工艺设施等的备用情况、废气收集处理方式、工艺控制水平及员工操作熟练程度和管理水平等因素影响，也与无计划的抢修和有计划的小修和大检修有关，可以采用改进工艺技术、完善操作程序、增设末端控制措施、完善预案和演练等手段有效控制。非正常工况中有组织排放可纳入工艺有组织排放中进行估算，无组织排放可采用公式法估算。非正常工况（含开停工及维修）排放源项的控制效果集中体现企业的综合管理水平，是工业企业无法消除但可以预防和减少的 VOCs 排放源项之一。

### 2.2.5 事故排放

生产装置一旦发生泄漏、火灾、爆炸等事故，企业的首要任务是应急与撤离人员，各种物料均可能直接排空，造成污染是无法避免的，同时泄漏的物料可能发生化学反应形成次生污染。这属于事故工况下的排放，可能是有组织的，也可能是无组织的。事故排放 VOCs 主要受事故类型、规模、持续时间、应急措施、物料性质、次生污染和气象条件等因素影响。因此，采取正确的应急处理处置，不仅可以高效快速地控制事故后果，还可以有效地控制污染排放。

### 2.2.6 火炬排放

火炬是通过燃烧方式处理排放无法回收和再加工的可燃有毒气体及蒸气的特殊燃烧设施，分高架火炬和地面火炬，由分液设施、可燃气体回收设施、阻火设施、火炬燃烧器、点火系统、火炬筒及其他部件等组成。气体来自企业正常生产以及非正常生产（包括开停工、检维修、设备故障超压等）过程中工艺装置无法回收的工艺可燃废气、过量燃料气以及吹扫废气中的可燃有毒气体及蒸气等。火炬排放属于有组织排放，正常工况和非正常工况均可能排放，排放方式有时连续、有时间歇。火炬排放的污染物主要受火炬系统处理能力、异常工况类型与延续的时长、物料性质等因素影响，可以采用装置排放控制、设置可燃气回收设施、加强消烟设施、提高火炬无烟处理等手段有效控制。其 VOCs 排放量可采用物料衡算法、热值系数法、工程估算法等方法估算。

## 2.3 污染物综合管控效率——管理方法

污染物综合管控效率简称“综合效率”，即收集（捕集）效率、去除（回收）效率和投运（在线）率的乘积，已在实践中得以验证，是行之有效驱动减排的“利器”。从方法学角度来讲，综合效率全面体现了管理控制、源头预防、过程控制和末端治理的综合管控水平，可科学量化大气、水污染物的有组织、无组织、正常工况及非正常工况的排放，以及固体废物的收集、处置，从而满足对污染源实施全过程系统化、精细化的管控要求。量化指标如下：

①综合效率=收集效率×去除效率×投运率；

②污染物排放量=污染物产生量×（1-综合效率）；

③污染物排放量=污染物无组织排放量+污染物有组织排放量；

④污染物无组织排放量=污染物产生量×（1-收集效率×收集设施投运率）；

⑤污染物有组织排放量=污染物产生量×收集效率×收集设施投用率×（1-污染治理设施去除效率×污染治理设施投运率）；

⑥收集效率=收集设施收集污染物的量/污染物产生量；

⑦去除效率=1-污染治理设施污染物排放量（有组织排放量）/（污染物产生量×收集效率×收集设施投运率）；

⑧投运率=污染治理（收集）设施年投运时间/相应产生污染物的主体设施年运行时间。

以综合效率管控理念为基础，分步规划污染减排路线图。污染减排策略可分为：①基于“多排放”转向“少排放”的下策管控模式（即末端治理方式）；②基于“少排放”转向“少产生”的中策管控模式（即源头预防、过程控制和末端治理相结合）；③基于“少产生”转向“不产生”的上策管控模式（即管理控制、源头预防、过程控制和末端治理相结合的全过程精细化管控方式）。以综合效率指标为管控杠杆，以综合效率全面替代污染物去除效率，并作为约束性考核指标，逐步构建科学、合理、可操作的核定体系，实现污染物全过程管控的量化与考核，最终实现环境和经济的协调发展。

## 2.4 挥发性有机物污染源排查程序

本书涉及的工业企业包括以原油、重油等为原料生产汽油馏分、柴油馏分、燃料油、石油蜡、石油沥青、润滑油和石油化工原料等的石油炼制工业企业，以石油馏分、天然气为原料生产有机化学品、合成树脂原料、合成纤维原料、合成橡胶原料等的石油化学工业企业，以及油品储运、油品码头、煤化工、农药、制药等工业企业。

根据污染源归类解析，将工业企业 VOCs 污染源的排查范围确定为 16 类源项（见表 2-2）。

表 2-2　VOCs 污染源排查范围

| 序号 | 源项 | 描述 |
|---|---|---|
| 1 | 设备与管线组件泄漏 | 装置或设施的动、静密封点排放的 VOCs |
| 2 | 挥发性有机液体储罐排放 | VOCs 排放来自挥发性有机液体固定顶罐（立式和卧式）、浮顶罐（内浮顶式和外浮顶式）的静置呼吸损耗和工作损耗 |
| 3 | 挥发性有机液体装载排放 | 挥发性有机液体在装卸、分装过程中逸散进入大气的 VOCs |
| 4 | 敞开液面 VOCs 逸散过程排放 | 废水在收集、储存及处理过程中从水中挥发的 VOCs |
| 5 | 燃烧烟气排放 | 主要是指锅炉、加热炉、内燃机和燃气轮机等设施燃料燃烧过程排放的烟气 |
| 6 | 工艺过程 VOCs 有组织排放 | 主要指生产过程中装置有组织排放的工艺废气，其 VOCs 排放量受生产工艺过程的操作形式（间歇式、连续式）、工艺条件、物料性质影响 |
| 7 | 循环冷却水系统排放 | 由于设备泄漏，导致有机物料和冷却水直接接触，冷却水将物料带出，冷却过程由于凉水塔的汽提作用和风吹逸散，从冷却水中排入大气的 VOCs |
| 8 | 含 VOCs 产品的使用过程排放 | 企业建设期和运营期对挥发性有机溶剂类使用造成的排放 |
| 9 | 工艺过程 VOCs 无组织排放 | 是指非密闭式工艺过程中的无组织、间歇式的排放，在生产材料准备、工艺反应、产品精馏、萃取、结晶、干燥、卸料等工艺过程中，污染物通过生产加注、反应、分离、净化等单元操作过程，通过蒸发、闪蒸、吹扫、置换、喷溅、涂布等方式逸散到大气中，属于正常工况下的无组织排放 |
| 10 | 采样过程排放 | 采样管线内物料置换和置换出物料的收集储存过程中，逸散的部分 VOCs |
| 11 | 涉 VOCs 固体物料堆存过程排放 | 由于固体物料自身含有或吸附 VOCs 物质，在堆存过程中产生的 VOCs 排放 |
| 12 | 厂内道路及非道路移动源排放 | 厂内燃气或燃油的机动车及工程建设施工机械、小型通用机械、柴油发电机组产生的 VOCs 排放 |
| 13 | 洗车过程排放 | 在厂区内所有装载涉 VOCs 物料车辆，以及涉 VOCs 物质储存单元清洗过程产生的 VOCs 排放 |
| 14 | 非正常工况（含开停工及维修）排放 | 开停工及检维修过程中由于泄压和吹扫等工序而排放的废气 |
| 15 | 事故排放 | 由于泄漏、火灾、爆炸等事故情况导致的 VOCs 污染事故排放 |
| 16 | 火炬排放 | 火炬是热氧化处理、处置区域内生产设备所排放的各类具有一定热值气体的焚烧净化装置。通过焚烧，可去除火炬气中大部分的烃类，但其排放废气中仍包括未燃烧完全而剩余的 VOCs |

主要按照资料收集、源项解析、统计核算、格式报表的流程对VOCs排放量进行排查（见图2-3）。

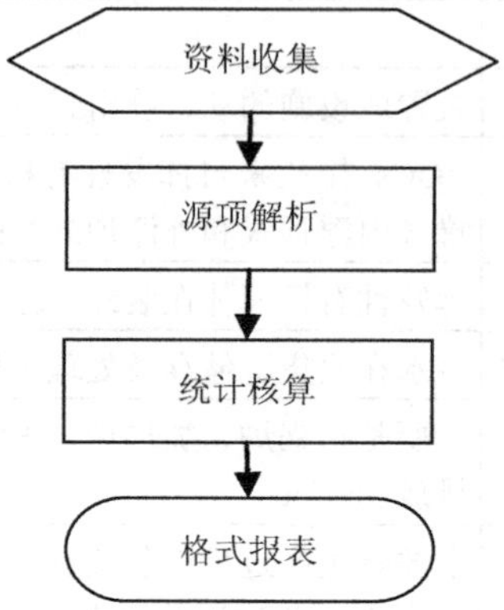


图2-3 VOCs排放量排查基本工作流程

本书给出所涉及源项的资料收集信息及格式报表主要作为辅助企业管理使用。主要收集信息包括企业的基本信息和各VOCs排放源项的相关设备信息、物料信息、管理信息、气候信息等。源项解析是根据设备特点和管理情况对各VOCs排放源项进行细化分类，分别确定排查方法。统计核算是按照各类源项特点确定的排查方法核算VOCs排放情况。格式报表是最终要按照各源项分别列出排查结果的表格样式，以便于企业建立管理机制和台账。

## 2.5 挥发性有机物污染控制及排查方案的特点

### 2.5.1 开放型

VOCs定义是一种开放式的定义。将VOCs定义为参与大气光化学反应的有机化合物，或者根据规定的方法测量或核算确定的有机化合物。这样的定义可以根据不同阶段光化学污染的程度和对科学认识的提高，采取修订豁免清单的方式来调整管理要求。对于管理部门，豁免反应活性较低的有机化合物，可以集中精力加强对活性较高有机化合物的监管，同时可以激励相关企业使用豁免物质替代活性较高的VOCs物质，并最终体现对环境质量负责的思想。

此外，通过工业企业VOCs污染源排查，可以摸清企业目前的VOCs排放情况和VOCs控制技术使用情况。环境管理部门可在此基础上，建立一套VOCs申报和管理平台，将企业VOCs排放情况和VOCs控制技术使用情况通过平台向社会公开。公众通过平台可查看居住地附近工业企业的排放量并与其他企业进行对比，发挥公众参与对企业污染控制工作的监督促进作用；企业通过平台可查看同类企业的污染物排放数据，根据横向对比，增强企业自身实施污染治理的力度，并向公众证明企业自身的环境责任；政府管理人员可以通过平台管理企业，并通过平台积累的数据制定合乎实际情况的标准和出台相关管理文件。

### 2.5.2 全过程精细化

本书涉及的相关源项内容，既包括有组织排放、无组织排放，也考虑了正常排放（包括稳定排放和间歇性排放）、非正常排放及事故排放。进而根据各类污染源的特点，建立不同污染源的排查和管理方法。在提供 VOCs 污染源排放量的核算方法时，针对各类 VOCs 排放源分别给出了实测法、物料衡算法、公式法、排放系数法等多种估算方法。本书建议企业在数据可得情况下尽量使用实测法，当监测数据不可得时，通过物料平衡、模型或公式进行计算；若以上数据确实无法得到，才可使用排放系数法。实测法是最准确的排放量核算方法，物料衡算法、公式法次之，排放系数法准确性最差，但排放系数法估算结果也最为保守，估算结果可能是最大的。如果企业没有能力提供准确详细的资料，可暂时按排放系数法估算 VOCs 排放量，但计算结果可能相对较大，这样也有利于调动企业推动技术进步和污染源排放量精细化核算的积极性。

VOCs 排放贯穿了企业生产的全过程，根据污染源归类解析可以看出，VOCs 的排放与物料特性、管理水平、污染控制技术等多因素有关，因此，有效控制 VOCs 排放也应从源头、过程、末端全方面考虑。本书在进行 VOCs 排放量核算时，考虑了物料、装置类型、加工/周转/处理量、生产工艺、气候条件、废气处理效率、企业管理情况等多方面因素，体现了污染源管理的全过程精细化理念。

# 3 挥发性有机液体储罐排放

## 3.1 概述

挥发性有机液体储罐是指储存各类油品和有机液体的设备，是工业企业有机液体原料和产品储存及周转过程中必不可少的重要基础设施。如石化行业储存的有机液体包括油品和有机化学品，通常是由不同真实蒸气压的碳氢化合物组成（如汽油和柴油），化学工业中的有机液体通常是纯化合物或具有相近真实蒸气压化合物的混合物（如苯、异丙醇和丁醇的混合物）。

挥发性有机液体储罐的挥发性有机物损耗通常是工业企业 VOCs 无组织排放源的重要组成部分。根据储罐内储存物料的不同，其产生的污染物主要包括苯系物、有机氯化物、有机酮、胺、醇、醚、酯、酸、烃类化合物等。挥发性有机液体储罐排放造成了巨大的资源浪费和环境污染，给人体健康带来了极大危害。

## 3.2 储罐简介

### 3.2.1 储罐分类

由于储存介质的不同，挥发性有机液体储罐的形式也是多种多样。通过参考《石油化工企业设计防火规范》（GB 50160—2008）、《石油化工储运系统罐区设计规范》（SH/T 3007—2014）、《石油库设计规范》（GB 50074—2014）等规范中的有关规定，将有机液体储罐按照温度、压力、结构形状和位置进行分类。

#### 3.2.1.1 按储存温度分类

储存介质按温度要求分为 3 类，分别为低温储罐（−90～−20℃）、常温储罐（−20～90℃）、高温储罐（90～250℃）。

#### 3.2.1.2 按设计压力分类

储罐按压力分为 3 类，分别为常压储罐、低压储罐、压力罐。

① 常压储罐：设计压力≤6.9 kPa（罐顶表压）的储罐；

② 低压储罐：设计压力＞6.9 kPa 且小于 0.1 MPa（罐顶表压）的储罐；

③ 压力罐：设计压力≥0.1 MPa（罐顶表压）的储罐。

#### 3.2.1.3 按结构形状分类

储罐按几何形状分为立式储罐、卧式储罐、球形储罐。

100 $m^3$ 以上的大型罐一般采用立式储罐或球形储罐；100 $m^3$ 以下的小型罐一般采用卧式储罐。

立式储罐按罐顶结构分为固定顶罐和浮顶罐。常见的固定顶罐分为锥顶罐、拱顶罐、网壳顶罐，常见的浮顶罐分为内浮顶罐和外浮顶罐。

#### 3.2.1.4 按所处位置分类

储罐按所处位置分为地上罐、半地下罐和地下罐。具体标准：地上罐指储罐的罐底位于设计标高及其以上；罐底在设计标高以下但不超过储罐高度的 1/2，也称为地上罐。半地下罐是指储罐埋入地下深于其高度的 1/2，而且储罐的液位最大高度不超过设计标高以上 0.2 m。地下罐指罐内液位处于设计标高以下 0.2 m 的储罐。

### 3.2.2 常压储罐结构简析

存储高挥发性化工产品（如液态烃、轻石脑油）一般选用具有较高承压能力（如球罐）的储罐，属于压力罐。在正常生产操作中，压力罐几乎没有蒸发或工作损失。企业中，压力罐所占的比例有限，而大多数挥发性有机液体存储于常压设备中，储存和调和过程中的 VOCs 蒸发损耗较大。因此，有机液体存储过程的 VOCs 损耗主要来源于常压罐。

目前，在我国石化行业中，储存有机液体的常压储罐有固定顶罐（立式和卧式）、外浮顶罐（穹顶外浮顶罐）和内浮顶罐 3 种常压基本罐型。下面简单介绍每一种罐型的主体结构和通用附件。

#### 3.2.2.1 固定顶罐

（1）主体结构

固定顶罐的基本结构由罐壁、罐顶、罐底及储罐附件组成。该类储罐包括一个圆柱体外壳和一个永久性的固定顶，罐顶的形状分为圆锥形和拱形。图 3-1 是典型的立式固定顶罐。

（2）通用附件

固定顶罐的通用附件包括呼吸阀、液压安全阀、罐顶人孔、罐底人孔、透光孔、量油孔、梯子和栏杆等。

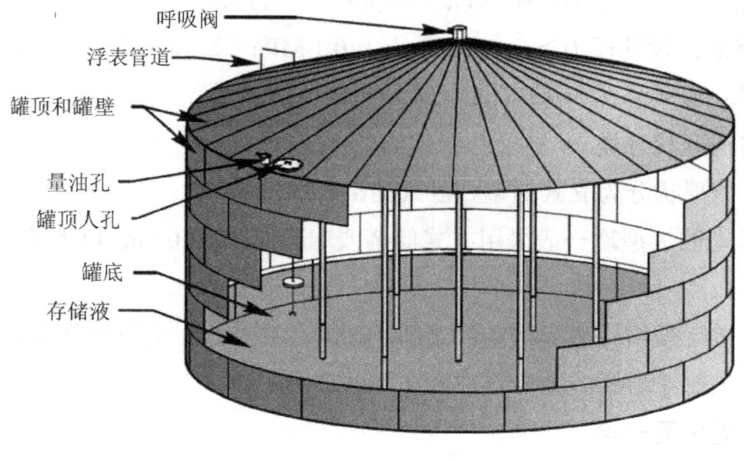


图3-1 典型立式固定顶罐

#### 3.2.2.2 外浮顶罐

（1）主体结构

外浮顶储罐通常是由一个敞口的圆柱体罐壳和浮在液体表面的浮顶构成。浮顶浮于储存液表面，并可随液面的升降移动，浮顶包括浮盘及其附件和边缘密封系统。根据浮盘的构造，外浮顶储罐主要为双层板式（接液式）（见图3-2）。

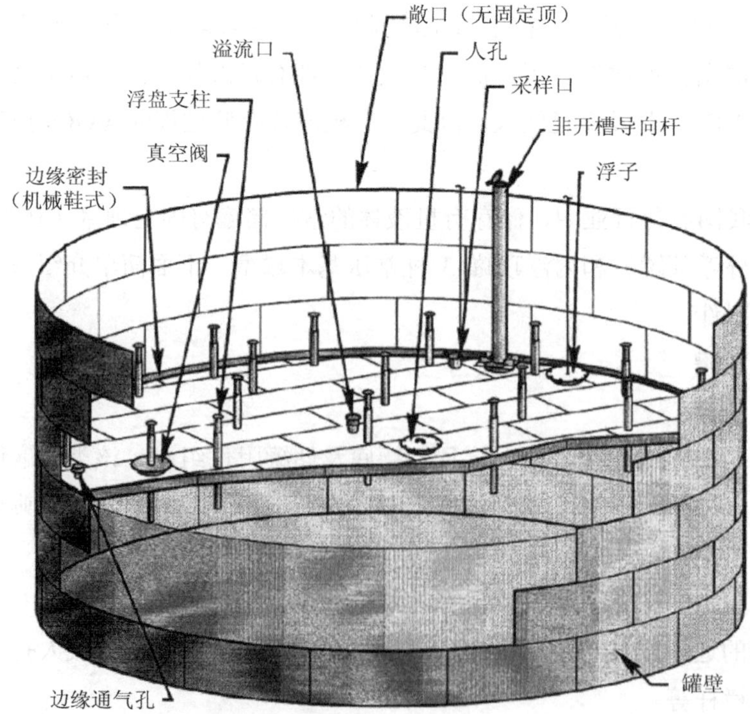


图3-2 典型外浮顶罐（双盘式）

（2）通用附件

外浮顶罐的通用附件包括边缘密封和浮盘附件。

外浮顶罐使用的一级密封主要有机械密封、弹性材料密封和管式充液密封 3 种基本类型。常用的二级密封为边缘刮板等。

常需开口的浮盘附件包括人孔、计量浮标、采样口、边缘通气孔、浮盘排管、浮盘支腿、导向柱和真空器。

#### 3.2.2.3 内浮顶罐

（1）主体结构

内浮顶罐既有一个固定顶，又有一个内部的浮盘。内浮顶罐有两种基本类型：一种是罐内有立柱支撑的固定顶；另一种为自支撑顶。图 3-3 为典型内浮顶罐。通常，由固定顶罐改装为内浮顶罐的属于前一种类型，即罐内有立柱支撑的固定顶。而由外浮顶罐改造为内浮顶罐的属于后一种类型。

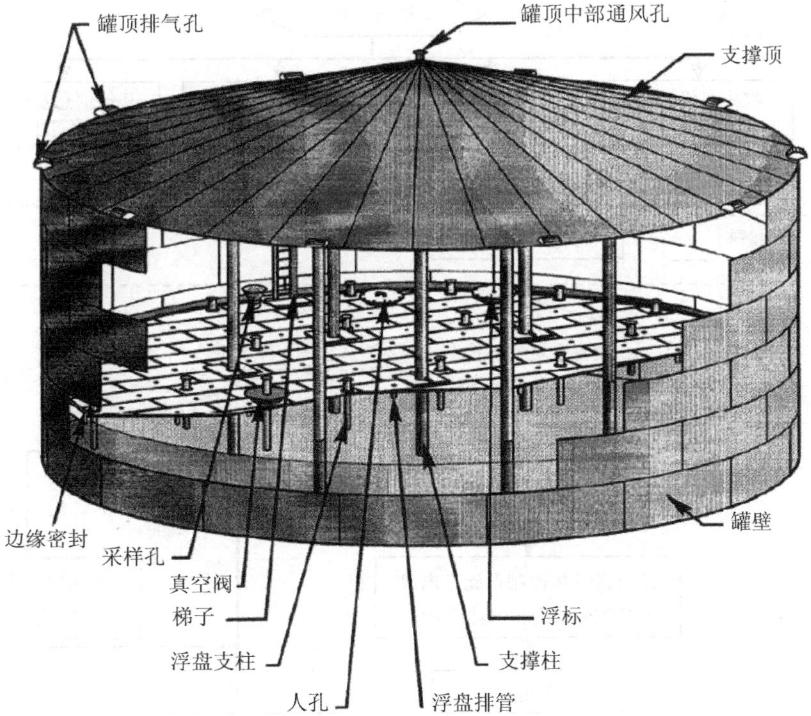


图 3-3 典型内浮顶罐

内浮顶罐的浮盘会随着液面升降发生位移，其与液面直接接触（接触型盘）或者与液面之间隔着浮筒（非接触型盘）。接液式浮盘通常是焊接成型，非接液式浮盘为钢板或铝板采用螺栓连接、铆接等方式连接后，铺在浮筒上。两种浮盘都含有外浮顶罐中提到的边缘密封系统和浮盘附件。

内浮顶罐的浮盘夹缝若未进行焊接，则会引起气相泄漏，成为一个排放源。总体上说，相同的排放机理可应用于浮盘缝隙。损耗量的多少取决于浮盘是否与储液直接接触。

（2）通用附件

内浮顶罐的通用附件包括边缘密封和浮盘附件。内浮顶罐使用的密封件与外浮顶罐相同。内浮顶罐的浮盘附件除包括上述外浮顶罐附件外，还包括柱井、楼梯井和反排管。

## 3.3 排查工作流程

挥发性有机液体储罐VOCs污染源排查工作流程包括资料收集、源项解析、统计核算、格式报表四部分，具体工作流程见图3-4。

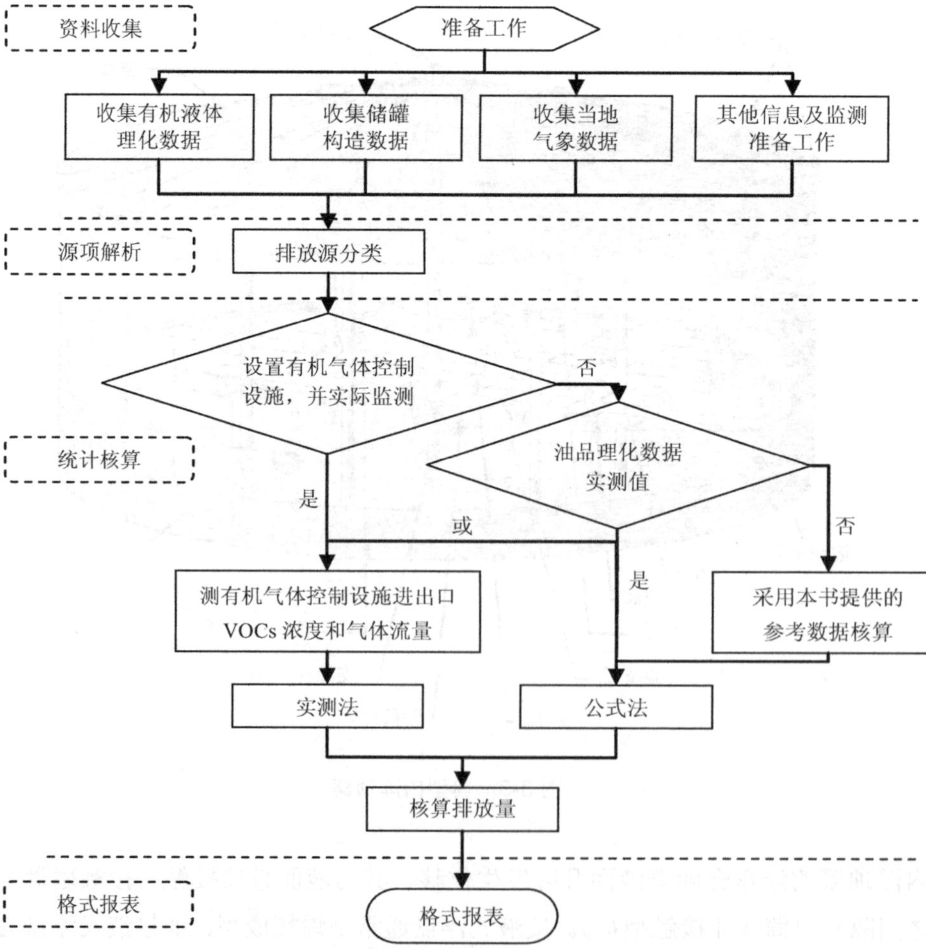


图3-4 挥发性有机液体储罐VOCs污染源排查工作流程

## 3.4 源项解析

挥发性有机液体储罐的 VOCs 损耗类型分为 4 大类：储存损耗、闪蒸损耗、泄压损耗和附件泄漏损耗。其中，储存损耗和闪蒸损耗主要是针对常压储罐（包括固定顶罐和浮顶罐），泄压损耗主要是针对低压储罐。高压储罐通常装有安全阀，在其操作中几乎没有蒸发或工作损失发生。

### 3.4.1 储存损耗

#### 3.4.1.1 固定顶罐

固定顶罐的储存损耗主要是指有机液体存储于固定顶罐的过程中，基于储液组分、环境温度和工艺操作等因素的影响，造成储液上部空间的气相压力出现变化，进而导致部分 VOCs 从罐顶呼吸阀排出的循环过程。该类损耗分为两类：静置损耗（小呼吸）和工作损耗（大呼吸）。

（1）静置损耗

有机液体静置储存时，白天受太阳辐射使有机液体温度升高，引起上部空间气体膨胀。液体表面蒸发加剧，罐内压力随之升高，当压力达到呼吸阀压力设定值时，呼吸阀的压力阀盘开启，液体蒸气就逸出罐外造成损耗。夜晚气温下降使罐内气体收缩，油气凝结，罐内压力随之下降，当压力降到呼吸阀允许真空值时，空气进入罐内，使气体空间的液体蒸气浓度降低，又为温度升高后液体蒸发创造条件。这样反复循环，就形成了固定顶储罐的静置损失。

（2）工作损耗

当储罐开始收料时，由于罐内液体体积增加，罐内气体压力随之增大，当压力增至呼吸阀压力限值时，呼吸阀自动开启排气。当储罐开始发料时，罐内液体体积减小，罐内气体压力降低，当压力降至呼吸阀负压极限时，吸进空气。原料周转导致有机液体储罐逸散挥发性有机物和吸入空气所导致的损失为工作损失。

#### 3.4.1.2 浮顶罐

浮顶罐的储存损耗主要有 4 类：边缘密封损耗、挂壁损耗、浮盘缝隙损耗、浮盘附件损耗。影响损耗的主要因素有主次级边缘密封的类型、储罐周转量、内衬质量情况、浮盘的选型、浮盘附件的密封性等。另外，罐壁/顶颜色对上述 4 种损耗均有一定程度的影响。

（1）边缘密封损耗

浮顶罐的边缘密封损耗的机理比较复杂，主要有风的影响、VOCs 对密封材料的渗透或浸润作用以及储液的真实蒸气压。美国石油协会（API）的测试表明，相较于自然风力造成的损耗，呼吸、渗透和浸润作用等机理造成的损耗更小，如果密封构造恰当，这种渗透作用基本不会发生。因此，相比较而言，自然风力（又分为静风损耗和有风损耗）和有机液体的真实蒸气压造成损耗的权重较大。

（2）浮盘附件损耗

浮顶罐的浮盘（顶）附件磨损，与边缘密封磨损有相同的机理。但每个附件的相对贡献无法获知。多数附件穿过或安装在浮盘（顶）上。内浮顶罐浮盘附件通常与外浮顶罐略有不同。尽管有固定顶防止雨水进入，但为了降低满罐时盘顶附件接触固定顶的可能性，内浮顶罐盘顶的附件一般较低。当盘顶需要开口时，附件就会成为蒸发损耗的源头。

浮盘（顶）常见的需开口附件有人孔、计量井、支柱井、采样管/井、浮盘支腿、边缘呼吸孔、楼梯井、浮盘排水管和导向柱。

（3）浮盘盘缝损耗

对于浮盘的盘缝损耗，外浮顶罐与内浮顶罐有一定的区别。外浮顶罐的浮顶大多是焊接成型，因此，没有浮盘缝隙损耗。内浮顶罐的浮盘通常是螺栓连接、铆接的，会产生缝隙损耗。

内浮顶罐的浮盘类型主要有两类：浮筒式浮盘和双层板式浮盘（也称为接液式浮盘）。双层板式浮盘可完全与储存介质接触，其缝隙损耗比浮筒式要小。

（4）挂壁损耗

浮顶罐的挂壁损耗类似于固定顶罐的工作损耗（大呼吸）。当储罐处于低液位时，由于在工作过程中浮盘（顶）随液位下降，残留在罐内壁上的液体随即蒸发，形成挂壁损耗。对于由支柱支撑式的大型内浮顶罐，储液也会黏着在支柱上并发生蒸发。挂壁损耗止于罐体再次充满液体，暴露表面被再次覆盖。

另外，大多数固定顶罐改为内部浮顶罐时会有支撑柱。新建的内浮顶罐可能两种情况都有。有支撑柱的内浮顶罐挂壁损耗会有所增加。

### 3.4.2 闪蒸损耗

闪蒸损耗通常发生在有机液体储罐收料的时间段内，夹带轻组分有机气体的液体从较高压力的管线中进入相对较低压力的设施时，部分溶解在液体中的轻组分化合物被释放或闪蒸。随着轻组分的“释放”，一些较重的化合物也可能随着这些气体一并排出。

闪蒸损耗的多少主要取决于有机液体中轻组分的比例、有机液体的温度以及储罐的温度。闪蒸出的气体通过储罐的罐顶呼吸阀、通气孔或其他开口附件排放到大气中或被捕集至末端处理设施。这些有机废气包括挥发性有机物（VOCs）、有害空气污染物（HAPs）和有毒空气污染物（TAC）。

### 3.4.3 泄压损耗

泄压损耗主要是针对压力罐的紧急放空阀，这类泄压阀的操作压力在 0.09～0.095 MPa。紧急放空阀可以在储罐超压时，直接将气体排放至大气，造成污染。

### 3.4.4 附件泄漏损耗

附件泄漏损耗是指储罐罐体各种设备组件和连接处工艺介质泄漏进入大气的过程。

对于有机液体储罐而言，附件泄漏损耗主要包括人孔、采样口、量油口、呼吸阀、阻火器、液压安全阀的泄漏以及容器破损、顶板腐蚀穿孔等。

## 3.5 现场检查

### 3.5.1 资料收集

挥发性有机液体储罐 VOCs 污染源排查收集的技术资料主要包括储存设施、物料、所在地气象信息、油气回收设施等相关信息。

①储存设施信息。包括固定顶罐、内浮顶罐、外浮顶罐。

②有机液体物料信息。主要包括油品理化参数、有机化学品理化参数。

③其他相关信息。主要包括储罐所在地的气象信息、末端回收治理设施信息。

### 3.5.2 现场监测

现场监测分为现场采样和实验室分析监测两部分。现场采样执行《固定源废气监测技术规范》（HJ/T 397—2007）的相关规定；实验室分析监测执行《固定污染源废气　挥发性有机物的采样　气袋法》（HJ 732—2014）、《固定污染源废气　挥发性有机物的测定　固相吸附-热脱附/气相色谱-质谱法》（HJ 734—2014）、《固定污染源废气　总烃、甲烷和非甲烷总烃的测定　气相色谱法》（HJ 38—2017）等标准的相关规定。

### 3.5.3 统计核算

挥发性有机液体储罐 VOCs 无组织排放的定量估算方法包括实测法和公式法。

#### 3.5.3.1 实测法

对于设有油气回收装置的储罐（区），其排放量应优先采用实测法获得。监测项目为非甲烷总烃和排气筒进出口流量（$m^3/h$），监测频次可根据生产情况和相关规定确定，建议 1 次/月。

#### 3.5.3.2 公式法

公式法是运用 USEPA 发布的“污染物排放因子文件”（AP-42）最新版第七章中提供的评价公式，以我国有机液体理化参数和储罐构造特点为基准的计算方法，企业或管理单位利用相关软件（如 Excel）编制的计算程序。

## 3.6 推荐估算方法

### 3.6.1 储存损耗

#### 3.6.1.1 实测法

实测法只适用于设有 VOCs 末端治理设施的储罐（区）的排放量。监测频次建议 1 次/月。计算方法如下：

$$E_{储存i} = E_{储存i(公式计算排放量)} - \left[(C_{i进} - C_{i出}) \times Q_i \times t \times 10^{-9}\right] \tag{3-1}$$

式中：$E_{储存i}$ —— 设有末端治理设施的 $i$ 罐（区）挥发性有机物排放量，t/a；

$E_{储存i(公式计算排放量)}$ —— 公式法计算出的理论挥发量，t/a；

$C_{i进}$ —— 末端治理设施排气筒 VOCs 进口浓度年度平均值，mg/m$^3$；

$C_{i出}$ —— 末端治理设施排气筒 VOCs 出口浓度年度平均值，mg/m$^3$；

$Q_i$ —— 排气筒 $i$ 的出口流量的年度平均值，m$^3$/h；

$t$ —— 末端治理设施的运行时间，h/a。

#### 3.6.1.2 公式法

公式法是运用 USEPA 发布的“污染物排放因子文件”（AP-42）最新版第七章中提供的评价公式和相关系数。需要说明的是，公式法计算过程中使用的均为美制单位体系。在此，不推荐使用者在计算过程中将美制单位转换为国际单位制，以避免多次换算出现多层次误差。建议使用者在完成计算后，再将排放量数值的美制单位转为国际单位制。

（1）固定顶罐总损耗

该估算方法可应用于立式柱形储罐和固定顶罐。储罐必须充分液密和气密，必须在接近常压下操作。公式不适用于以下情况：不稳定或易沸储料，未知蒸气压或无法预测的碳氢化合物或石油化学品的混合物。固定顶罐的总损耗是静置损耗与工作损耗的总和：

$$L_T = L_S + L_W \tag{3-2}$$

式中：$L_T$ —— 总损耗，lb[①]/a；

---

① 1 lb（磅）=0.453 592 37 kg。

$L_S$ —— 静置损耗，lb/a，见式（3-3）；

$L_W$ —— 工作损耗，lb/a，见式（3-28）。

①静置损耗。

静置损耗 $L_S$ 是指由于罐体气相空间呼吸导致的储存气相损耗。式（3-3）可估算固定顶罐的静置损耗，公式源于 AP-42 第七章。

$$L_S = 365 V_V W_V K_E K_S \tag{3-3}$$

式中：$L_S$ —— 静置损耗（对于地下的卧式罐，由于地下土层的绝缘作用，昼夜温差的变化对卧式罐没有产生太大影响，一般认为 $L_S$=0），lb/a；

$V_V$ —— 气相空间容积，ft$^3$①，见式（3-4）和式（3-5）；

$W_V$ —— 储藏气相密度，lb/ft$^3$；

$K_E$ —— 气相空间膨胀因子，量纲一；

$K_S$ —— 排放蒸气饱和因子，量纲一。

a. 气相空间容积。

立式罐气相空间容积 $V_V$ 通过式（3-4）计算：

$$V_V = \left(\frac{\pi}{4} D^2\right) H_{VO} \tag{3-4}$$

式中：$V_V$ —— 气相空间容积，ft$^3$；

$D$ —— 罐径，ft；

$H_{VO}$ —— 气相空间高度，ft。

卧式罐气相空间容积 $V_V$ 通过式（3-5）计算：

$$V_V = \frac{\pi}{4} D_E^2 H_{VO} \tag{3-5}$$

式中：$V_V$ —— 固定顶罐蒸气空间体积，ft$^3$；

$H_{VO}$ —— 蒸气实际空间高度（$H_{VO}$=$D$），ft；

$D_E$ —— 卧式罐有效直径，ft。

$$D_E = \sqrt{\frac{LD}{0.785}} \tag{3-6}$$

式中：$L$ —— 卧式储罐的长度，ft；

$D$ —— 卧式储罐横截面的直径，ft。

综合上述公式，静置损耗可化为

$$L_S = 365 K_E \left(\frac{\pi}{4} D^2\right) H_{VO} K_S W_V \tag{3-7}$$

---

① 1 ft（英尺）=0.304 8 m。

b. 气相空间膨胀因子。

气相空间膨胀因子 $K_E$ 的计算依赖于罐中液体的特性和呼吸阀的设置。计算见式（3-8）。

若已知储罐位置、罐体颜色和状况，$K_E$ 计算公式如下：

对于有机液体真实蒸气压大于或等于 0.1 psia①：

$$K_E = \frac{\Delta T_V}{T_{LA}} + \frac{\Delta P_V - \Delta P_B}{P_A - P_{VA}} > 0 \tag{3-8}$$

式中：$\Delta T_V$ —— 日蒸气温度范围，°R②，见式（3-9）；

$\Delta P_V$ —— 日蒸气压范围，psi③，见式（3-10）；

$\Delta P_B$ —— 呼吸阀压力设定范围，psi，见式（3-14）；

$P_A$ —— 大气压力，psi；

$P_{VA}$ —— 日平均液体表面温度下的蒸气压，psi，见式（3-26）和式（3-27）；

$T_{LA}$ —— 日平均液体表面温度，°R，见式（3-24）。

对于式（3-8）：

（a）日蒸气温度范围 $\Delta T_V$，计算方法如下：

$$\Delta T_V = 0.72\Delta T_A + 0.028\alpha I \tag{3-9}$$

式中：$\Delta T_V$ —— 日蒸气温度范围，°R；

$\Delta T_A$ —— 日环境温度范围，°R，见式（3-15）；

$\alpha$ —— 罐漆太阳能吸收率，量纲一，见表 3-1；

$I$ —— 太阳辐射强度，Btu④/（$ft^2 \cdot d$）。

**表 3-1 罐漆太阳能吸收率 $\alpha$**

| 罐漆颜色 | 喷漆色光 | 罐漆吸收率 $\alpha$ | |
|---|---|---|---|
| | | 罐漆状况 | |
| | | 好 | 差 |
| 银白色 | 高光 | 0.39 | 0.49 |
| 银白色 | 散射 | 0.60 | 0.68 |
| 铝罐 | 光面，不涂漆 | 0.10 | 0.15 |
| 米黄/乳色 | / | 0.35 | 0.49 |
| 黑色 | / | 0.97 | 0.97 |
| 棕色 | / | 0.58 | 0.67 |

① 1 psia［磅力/英寸 $^2$（绝对压力）］=6 894.76 Pa。

② °R（兰氏度）=5/9 K。

③ psi（磅力/英寸 $^2$）=6 894.76 Pa。

④ Btu（英热单位）=1 055.06 J。

| 罐漆颜色 | 喷漆色光 | 罐漆吸收率$\alpha$ | |
|---|---|---|---|
| | | 罐漆状况 | |
| | | 好 | 差 |
| 灰色 | 淡 | 0.54 | 0.63 |
| 灰色 | 中等 | 0.68 | 0.74 |
| 绿色 | 暗 | 0.89 | 0.91 |
| 红色 | 底漆 | 0.89 | 0.91 |
| 锈色 | 红色氧化铁 | 0.38 | 0.50 |
| 茶色 | / | 0.43 | 0.55 |
| 白色 | 不适用 | 0.17 | 0.34 |

（b）日蒸气压范围 $\Delta P_V$，由下式计算：

$$\Delta P_V = P_{VX} - P_{VN} \quad (3\text{-}10)$$

$$T_{LX} = T_{LA} + 0.25\Delta T_V \quad (3\text{-}11)$$

$$T_{LN} = T_{LA} - 0.25\Delta T_V \quad (3\text{-}12)$$

式中：$\Delta P_V$ —— 日蒸气压范围，psi；

$P_{VX}$ —— 日最高液体表面温度下的平均蒸气压，psi；

$P_{VN}$ —— 日最低液体表面温度下的平均蒸气压，psi；

$T_{LX}$ —— 日最高液体表面温度，°R；

$T_{LN}$ —— 日最低液体表面温度，°R；

$T_{LA}$——日平均液体表面温度，°R，见式（3-24）；

$\Delta T_V$——日蒸气温度范围，°R。

式（3-13）可以用来代替有机液体 $\Delta P_V$ 的计算：

$$\Delta P_V = \frac{0.50BP_{VA}\Delta T_V}{T_{LA}^2} \quad (3\text{-}13)$$

式中：$\Delta P_V$ —— 日蒸气压范围，psi；

$B$ —— 蒸气压公式中的常数，°R，见式（3-26）；

$P_{VA}$ —— 日平均液体表面温度下的真实蒸气压，psi，见式（3-26）和式（3-27）；

$T_{LA}$ —— 日平均液体表面温度，°R，见式（3-24）；

$\Delta T_V$ —— 日蒸气温度范围，°R，见式（3-9）。

（c）呼吸阀压力范围 $\Delta P_B$，计算方法如下：

$$\Delta P_B = P_{BP} - P_{BV} \quad (3\text{-}14)$$

式中：$\Delta P_B$ —— 呼吸阀压力设定范围，psig①；

① psig 为磅力/英寸$^2$（表压），1 psig=6 894.76 Pa。

$P_{BP}$ —— 呼吸阀压力设定，psig；

$P_{BV}$ —— 呼吸阀真空设定，psig。

如果呼吸阀压力设定和负压设定指定信息未知，则假定 $P_{BP}$ 为 0.05 psig（355 Pa）、$P_{BV}$ 为−0.04 psig（−295 Pa）为参考值。如果固定顶罐是螺栓固定或铆接的，其中罐顶和罐体是非密封的，则不管是否有呼吸阀，都设定 $\Delta P_B=0$。

（d）日环境温度范围 $\Delta T_A$，计算方法如下：

$$\Delta T_A = T_{AX} - T_{AN} \tag{3-15}$$

式中：$\Delta T_A$ —— 日环境温度范围，°R；

$T_{AX}$ —— 日最大环境温度，°R；

$T_{AN}$ —— 日最小环境温度，°R。

对于有机液体真实蒸气压小于 0.1 psi，且呼吸阀压力设定等于±0.03 psi：

$$K_E = 0.0018\Delta T_V = 0.001\,8\left[0.72\left(T_{AX} - T_{AN}\right) + 0.028\alpha I\right] \tag{3-16}$$

式中：$K_E$ —— 气相空间膨胀因子，量纲一；

$\Delta T_V$ —— 日蒸气温度范围，°R；

$T_{AX}$ —— 日最高环境温度，°R；

$T_{AN}$ —— 日最低环境温度，°R；

$\alpha$ —— 罐漆太阳能吸收率，量纲一，见表 3-1；

$I$ —— 太阳辐射强度，Btu/（$ft^2$·d）；

0.001 8 —— 常数，（°R）$^{-1}$；

0.72 —— 常数，量纲一；

0.028 —— 常数，°R·$ft^2$·d/Btu。

c. 气相空间高度。

气相空间高度 $H_{VO}$ 是罐径气相空间的高度，这一空间等于固定顶罐的气相空间包括穹顶和锥顶的空间。$H_{VO}$ 计算如下：

$$H_{VO} = H_S - H_L + H_{RO} \tag{3-17}$$

式中：$H_{VO}$ —— 气相空间高度，ft；

$H_S$ —— 罐体高度，ft；

$H_L$ —— 液体高度，ft；

$H_{RO}$ —— 罐顶计量高度，ft。

对于式（3-17）：

（a）对于锥顶罐，罐顶高度 $H_{RO}$ 计算方法如下：

$$H_{RO}=1/3H_R \tag{3-18}$$

式中：$H_{RO}$ —— 罐顶计量高度，ft；

$H_R$ —— 罐顶高度，ft。

$$H_R=S_R R_S \tag{3-19}$$

式中：$S_R$ —— 罐锥顶斜率，ft/ft；如果未知，则使用标准值 0.062 5；

$R_S$ —— 罐壳半径，ft。

（b）对于拱顶罐，罐顶计量高度 $H_{RO}$ 计算方法如下：

$$H_{RO}=H_R\left[\frac{1}{2}+\frac{1}{6}\left(\frac{H_R}{R_S}\right)^2\right] \tag{3-20}$$

式中：$H_{RO}$ —— 罐顶计量高度，ft；

$R_S$ —— 罐壳半径，ft；

$H_R$ —— 罐顶高度，ft。

$$H_R=R_R-\left(R_R^2-R_S^2\right)^{0.5} \tag{3-21}$$

式中：$R_R$ —— 罐穹顶半径，ft；

$R_S$ —— 罐壳半径，ft。

$R_R$ 的值一般为 0.8$D$～1.2$D$，其中 $D=2R_S$。如果 $R_R$ 未知，则用罐体直径代替。

d. 气相空间饱和因子。

排放蒸气空间饱和因子 $K_S$ 计算公式如下：

$$K_s=\frac{1}{1+0.053P_{VA}H_{VO}} \tag{3-22}$$

式中：$K_S$ —— 排放蒸气空间饱和因子，量纲一；

$P_{VA}$ —— 日平均液面温度下的饱和蒸气压，psi，见式（3-26）和式（3-27）；

$H_{VO}$ —— 气相空间高度，ft，见式（3-17）；

0.053 —— 常数，（psi·ft）$^{-1}$。

e. 气相密度。

储藏气相密度 $W_V$ 的计算公式如下：

$$W_V=\frac{M_V P_{VA}}{RT_{LA}} \tag{3-23}$$

式中：$W_V$ —— 气相密度，lb/ft$^3$；

$M_V$ —— 气相分子摩尔质量，lb/lb-mol；

R —— 理想气体状态常数，10.741 psia·ft$^3$/（lb-mol·°R）；

$P_{VA}$ —— 日平均液面温度下的饱和蒸气压，psi，见式（3-26）和式（3-27）；

$T_{LA}$ —— 日平均液体表面温度，°R，见式（3-24）。

对于式（3-23）：

（a）日平均液体表面温度 $T_{LA}$

如果日平均液体表面温度 $T_{LA}$ 未知，可通过式（3-24）计算：

$$T_{LA} = 0.44T_{AA} + 0.56T_B + 0.0079\alpha I \quad (3\text{-}24)$$

式中：$T_{LA}$ —— 日平均液体表面温度，计算后与 $T_B$ 比较，取大者，°R；

$T_{AA}$ —— 日平均环境温度，°R，见式（3-25）；

$T_B$ —— 有机液体平均储存温度，°R；

$\alpha$ —— 罐漆太阳能吸收率，量纲一，见表 3-1；

$I$ —— 太阳辐射强度，Btu/（ft$^2$·d）。

（b）日平均环境温度 $T_{AA}$

日平均环境温度 $T_{AA}$ 的计算公式如下：

$$T_{AA} = \left(\frac{T_{AX} + T_{AN}}{2}\right) \quad (3\text{-}25)$$

式中：$T_{AA}$ —— 日平均环境温度，°R；

$T_{AX}$ —— 日最高环境温度，°R；

$T_{AN}$ —— 日最低环境温度，°R。

f. 真实蒸气压。

对于特定的有机液体的日平均液体表面蒸气压，可通过式（3-26）计算：

$$P_{VA} = \exp\left[A - \left(\frac{B}{T_{LA}}\right)\right] \quad (3\text{-}26)$$

式中：$A$ —— 蒸气压公式中的常数，量纲一；

$B$ —— 蒸气压公式中的常数，°R；

$T_{LA}$ —— 日平均液体表面温度，°R，见式（3-24）；

$P_{VA}$ —— 日平均液体表面蒸气压，psi。

对于油品：

$$A = 15.64 - 1.854S^{0.5} - \left(0.8742 - 0.3280S^{0.5}\right)\ln(\mathrm{RVP})$$

$$B = 8742 - 1042S^{0.5} - \left(1049 - 179.4S^{0.5}\right)\ln(\mathrm{RVP})$$

对于原油：

$$A=12.82-0.967\,2\ln(\mathrm{RVP})$$
$$B=7\,261-1\,216\ln(\mathrm{RVP})$$

式中：RVP —— 雷德蒸气压，psi；

$S$ —— ASTM 蒸馏曲线斜率，℉/%（体积分数）。

$$S=\frac{15\%\text{馏出温度}-5\%\text{馏出温度}}{15-5}$$

对于纯物质有机液体（如苯、对二甲苯）的日平均液体表面蒸气压，采用安托因方程计算。

$$P_{\mathrm{VA}}=\frac{10^{A-\left(\frac{B}{T_{\mathrm{LA}}+C}\right)}}{51.71} \tag{3-27}$$

式中：$A$、$B$、$C$ —— 安托因常数；

$T_{\mathrm{LA}}$ —— 日平均液体表面温度，℃，见式（3-24）；

$P_{\mathrm{VA}}$ —— 日平均液面温度下的饱和蒸气压，psi。

②工作损耗。

工作损耗 $L_{\mathrm{W}}$ 与装料或卸料时所储蒸气的排放有关。固定顶罐的工作排放计算如下：

$$L_{\mathrm{W}}=\frac{5.614}{RT_{\mathrm{LA}}}M_{\mathrm{V}}P_{\mathrm{VA}}QK_{\mathrm{N}}K_{\mathrm{P}}K_{\mathrm{B}} \tag{3-28}$$

式中：$L_{\mathrm{W}}$ —— 工作损耗，lb/a；

$M_{\mathrm{V}}$ —— 气相分子摩尔质量，lb/lb-mol；

$P_{\mathrm{VA}}$ —— 真实蒸气压，psi，见式（3-26）和式（3-27）；

$Q$ —— 年周转量，bbl[①]/a，对于中间罐，年周转量为核算期内所有因储罐进料产生的液位差之和，再乘以储罐底面积，根据现场调研，中间罐统计进出料液位差变化与该罐的周转量基本接近；

$$Q_{\text{中间}}=\left(\frac{\pi}{4}D^2\right)\sum_{n=1}^{N}\left(H_h-H_l\right) \tag{3-29}$$

$K_{\mathrm{P}}$ —— 工作损耗产品因子，量纲一；对于原油，$K_{\mathrm{P}}$=0.75；对于其他挥发性有机液体，$K_{\mathrm{P}}$=1；

$K_{\mathrm{N}}$ —— 工作排放周转（饱和）因子，量纲一；周转数 $N=\dfrac{Q}{V_{\mathrm{LX}}}$；$V_{\mathrm{LX}}$ 取储罐最大

① 1 bbl（桶）=159 L（美制）。

储存容积，$ft^3$，如果最大储存容积未知，取公称容积的 0.85 倍。对于中间罐，统计核算期内储罐进料次数；当 $N>36$，$K_N=(180+N)/6N$；当 $N\leqslant 36$，$K_N=1$；

$K_B$ —— 呼吸阀工作校正因子，可用式（3-30）和式（3-31）计算：

当

$$K_N\left(\frac{P_{BP}+P_A}{P_I+P_A}\right)>1.0 \tag{3-30}$$

则

$$K_B=\frac{\dfrac{P_I+P_A}{K_N}-P_{VA}}{P_{BP}+P_A-P_{VA}} \tag{3-31}$$

式中：$K_B$ —— 呼吸阀校正因子，量纲一；

$P_I$ —— 正常工况条件下气相空间压力，psig；是一个实际压力（表压），如果处在大气压下（不是真空或处在稳定压力下），$P_I$ 为 0；

$P_A$ —— 大气压，psi；

$K_N$ —— 工作排放周转（饱和）因子，量纲一；

$P_{VA}$ —— 日平均液面温度下的蒸气压，psi，见式（3-26）和式（3-27）；

$P_{BP}$ —— 呼吸阀压力设定，psig。

当 $K_N\left(\frac{P_{BP}+P_A}{P_I+P_A}\right)\leqslant 1.0$，则 $K_B=1$。

（2）浮顶罐总损耗

浮顶罐的总损耗是边缘密封、挂壁、浮盘附件和浮盘缝隙损耗的总和。本章所提到的公式主要应用于浮顶罐，不适用以下情况：估算不稳定或易沸储料、碳氢化合物的混合物、蒸气压未知或不可轻易预测的石油化学品；估算封闭的内浮顶或封闭穹顶外浮顶罐（储罐连接回收设施）；估算储罐边缘密封材料/浮盘设施老化或被储液明显浸渍。

浮顶罐的总损耗如下：

$$L_T=L_R+L_{WD}+L_F+L_D \tag{3-32}$$

式中：$L_T$ —— 总损耗，lb/a；

$L_R$ —— 边缘密封损耗，lb/a，见式（3-33）；

$L_{WD}$ —— 挂壁损耗，lb/a，见式（3-35）；

$L_F$ —— 浮盘附件损耗，lb/a，见式（3-36）；

$L_D$ —— 浮盘缝隙损耗（只限内浮顶罐），lb/a，见式（3-40）。

①边缘密封损耗。

浮顶罐的边缘密封损耗可由式（3-33）估算得出：

$$L_R = \left(K_{Ra} + K_{Rb} v^n\right) D P^* M_V K_C \tag{3-33}$$

式中：$L_R$ —— 边缘密封损耗，lb/a；

$K_{Ra}$ —— 零风速边缘密封损耗因子，lb-mol/（ft·a），见表 3-2；

$K_{Rb}$ —— 有风时边缘密封损耗因子，lb-mol/［（mph）$^n$·ft·a］，见表 3-2；

$v$ —— 罐点平均环境风速，mph[①]；

$n$ —— 密封相关风速指数，量纲一，见表 3-2；

$P^*$ —— 蒸气压函数，量纲一。

$$P^* = \frac{\dfrac{P_{VA}}{P_A}}{\left[1 + \left(1 - \dfrac{P_{VA}}{P_A}\right)^{0.5}\right]^2} \tag{3-34}$$

式中：$P_{VA}$ —— 日平均液体表面蒸气压，psi，见式（3-26）和式（3-27）；

$P_A$ —— 大气压，psi；

$D$ —— 罐体直径，ft；

$M_V$ —— 气相分子质量，lb/lb-mol；

$K_C$ —— 产品因子，原油取值为 0.4，其他挥发性有机液体取 1。

如果罐为内浮顶罐或穹顶外浮顶罐，$v$ 值始终为 0。美国石油协会（API）建议使用储液温度代替液体表面温度来计算式（3-26）和式（3-27）中 $P_{VA}$。

**表 3-2 浮顶罐边缘密封损耗系数**

| 罐体类型 | 密封 | $K_{Ra}$/［lb-mol/（ft·a）］ | $K_{Rb}$/（lb-mol/［（mph）$^n$·ft·a］） | $n$ |
| --- | --- | --- | --- | --- |
| 焊接 | 机械鞋式密封 | | | |
| | 只有一级 | 5.8 | 0.3 | 2.1 |
| | 边缘靴板 | 1.6 | 0.3 | 1.6 |
| | 边缘刮板 | 0.6 | 0.4 | 1.0 |
| | 液态镶嵌式密封 | | | |
| | 只有一级 | 1.6 | 0.3 | 1.5 |
| | 挡雨板 | 0.7 | 0.3 | 1.2 |

① 1 mph（英里/时）=1 609.344 m/h。

| 罐体类型 | 密封 | $K_{Ra}$/［lb-mol/（ft·a）］ | $K_{Rb}$/（lb-mol/［（mph）$^n$·ft·a］） | $n$ |
|---|---|---|---|---|
| 焊接 | 边缘刮板 | 0.4 | 0.6 | 0.3 |
| | 气态镶嵌式密封 | | | |
| | 只有一级 | 6.7 | 0.2 | 4.0 |
| | 挡雨板 | 3.3 | 0.1 | 3.0 |
| | 边缘刮板 | 2.2 | 0.003 | 4.3 |
| 铆接 | 机械鞋式密封 | | | |
| | 只有一级 | 10.8 | 0.4 | 2 |
| | 边缘靴板 | 9.2 | 0.2 | 1.9 |
| | 边缘刮板 | 1.1 | 0.3 | 1.5 |

注：边缘密封损耗因子 $K_{Ra}$、$K_{Rb}$、$n$ 只适用于 6.8 m/s 以下。

②挂壁损耗。

浮顶罐的罐壁排放损耗可由式（3-35）估算得出：

$$L_{WD}=\frac{0.943QC_SW_L}{D}\left(1+\frac{N_CF_C}{D}\right) \tag{3-35}$$

式中：$L_{WD}$ —— 排放损耗，lb/a；

$Q$ —— 年周转量，bbl/a；

$C_S$ —— 罐体油垢因子，见表 3-3；

$W_L$ —— 对于特定石油化学品的平均挥发性有机液体密度，lb/gal；

$D$ —— 罐体直径，ft；

0.943 —— 常数，1 000 $ft^3·gal/bbl^2$；

$N_C$ —— 固定顶支撑柱数量（对于自支撑固定浮顶或外浮顶罐，$N_C$=0；对于柱支撑的固定浮顶，$N_C$ 取罐特定信息），量纲一；

$F_C$ —— 有效柱直径，取值为 1。

内浮顶罐罐体直径与支撑柱数量关系见表 3-4。

**表 3-3 储罐罐壁油垢因子**

| 介质 | 罐壁状况/（bbl/$10^3$ $ft^2$） | | |
|---|---|---|---|
| | 轻锈 | 重锈 | 喷涂衬里 |
| 汽油 | 0.001 5 | 0.007 5 | 0.15 |
| 原油 | 0.006 | 0.03 | 0.6 |
| 其他油品 | 0.001 5 | 0.007 5 | 0.15 |

表 3-4 内浮顶罐罐体直径与支撑柱数量关系

| 罐体直径/m | 支撑柱数量 | 罐体直径/m | 支撑柱数量 |
| --- | --- | --- | --- |
| $0<D\leqslant25.9$ | 1 | $67.1<D\leqslant71.6$ | 31 |
| $25.9<D\leqslant40.5$ | 6 | $71.6<D\leqslant82.4$ | 37 |
| $40.5<D\leqslant46.8$ | 7 | $82.4<D\leqslant84.8$ | 43 |
| $46.8<D\leqslant41.1$ | 8 | $84.8<D\leqslant88.4$ | 49 |
| $41.1<D\leqslant45.7$ | 9 | $88.4<D\leqslant100.6$ | 61 |
| $45.7<D\leqslant51.8$ | 16 | $100.6<D\leqslant109.7$ | 71 |
| $51.8<D\leqslant57.9$ | 19 | $109.7<D\leqslant121.9$ | 81 |
| $57.9<D\leqslant67.1$ | 22 | — | |

注：此表内容仅供参考。

③浮盘附件损耗。

浮顶罐的浮盘附件损耗可由式（3-36）估算得出：

$$L_{\mathrm{F}}=F_{\mathrm{F}}P^{*}M_{\mathrm{V}}K_{\mathrm{C}} \tag{3-36}$$

式中：$L_{\mathrm{F}}$—— 浮盘附件损耗，lb/a；

$F_{\mathrm{F}}$—— 总浮盘附件损耗因子，lb-mol/a。

$$F_{\mathrm{F}}=\left[\left(N_{\mathrm{F1}}K_{\mathrm{F1}}\right)+\left(N_{\mathrm{F2}}K_{\mathrm{F2}}\right)+\cdots+\left(N_{\mathrm{F}n}K_{\mathrm{F}n}\right)\right] \tag{3-37}$$

式中：$N_{\mathrm{F}i}$—— 特定规格的浮盘附件数，量纲一；

$K_{\mathrm{F}i}$—— 特定规格的附件损耗因子，lb-mol/a，见式（3-8）；

$Fn$—— 不同种类的附件总数，量纲一；

$P^{*}$、$M_{\mathrm{V}}$、$K_{\mathrm{C}}$的定义见式（3-33）。

$F_{\mathrm{F}}$的值可以由罐体实际参数中附件种类数（$N_{\mathrm{F}}$）乘以每一种附件的损耗因子（$K_{\mathrm{F}}$）得出。

对于特定类型的附件，$K_{\mathrm{F}i}$可由式（3-38）估算：

$$K_{\mathrm{F}i}=K_{\mathrm{Fa}_i}+K_{\mathrm{Fb}_i}(K_{\mathrm{v}}v)^{m_i} \tag{3-38}$$

式中：$K_{\mathrm{F}i}$—— 特定类型浮盘附件损耗因子，lb-mol/a；

$K_{\mathrm{Fa}_i}$ —— 无风情况下特定类型浮盘附件损耗因子，lb-mol/a，见表 3-5；

$K_{\mathrm{Fb}_i}$ —— 有风情况下特定类型浮盘附件损耗因子，lb-mol/[(mph)$^{m_i}$·a]，见表 3-5；

$m_i$—— 特定浮盘损耗因子，量纲一，见表 3-5；

$K_{\mathrm{v}}$—— 附件风速修正因子，量纲一；

$v$—— 平均气压平均风速，mph。

对于外浮顶罐，附件风速修正因子 $K_{\mathrm{v}}$=0.7。对于内浮顶罐和穹顶外浮顶罐风速，其修正因子为 0，公式演变为

$$K_{Fi}=K_{Fa_i} \tag{3-39}$$

**表3-5　浮顶罐浮盘附件损耗系数**

| 附件 | 状态 | $K_{Fa}$/（lb-mol/a） | $K_{Fb}$/（lb-mol/［（mph）$^n$·a］） | $m$ |
|---|---|---|---|---|
| 人孔 | 螺栓固定盖子，有密封件 | 1.6 | 0 | 0 |
| | 无螺栓固定盖子，无密封件 | 36 | 5.9 | 1.2 |
| | 无螺栓固定盖子，有密封件 | 31 | 5.2 | 1.3 |
| 计量井 | 螺栓固定盖子，有密封件 | 2.8 | 0 | 0 |
| | 无螺栓固定盖子，无密封件 | 14 | 5.4 | 1.1 |
| | 无螺栓固定盖子，有密封件 | 4.3 | 17 | 0.48 |
| 支柱井 | 内嵌式柱形滑盖，有密封件 | 33 | — | — |
| | 内嵌式柱形滑盖，无密封件 | 51 | — | — |
| | 管柱式滑盖，有密封件 | 25 | — | — |
| | 管柱式挠性纤维衬套密封 | 10 | — | — |
| 采样管/井 | 有槽管式滑盖/重加权，有密封件 | 0.47 | 0.02 | 0.97 |
| | 有槽管式滑盖/重加权，无密封件 | 2.3 | 0 | 0 |
| | 切膜纤维密封（开度10%） | 12 | | |
| 导向柱（有槽） | 无密封件滑盖（不带浮球） | 43 | 270 | 1.4 |
| | 有密封件滑盖（不带浮球） | | | |
| | 无密封件滑盖（带浮球） | 31 | 46 | 2.0 |
| | 有密封件滑盖（带浮球） | | | |
| | 有密封件滑盖（带导杆刷） | 41 | 48 | 1.4 |
| | 有密封件滑盖（带导杆衬套） | 11 | 46 | 1.4 |
| | 有密封件滑盖（带导杆衬套及刷） | 8.4 | 4.4 | 1.6 |
| | 有密封件滑盖（带浮头和导杆刷） | 21 | 7.9 | 1.8 |
| | 有密封件滑盖（带浮头、衬套和刷） | 11 | 9.9 | 0.89 |
| 导向柱（无槽） | 无衬垫滑盖 | 31 | 150 | 1.4 |
| | 无衬垫滑盖带导杆 | 25 | 2.2 | 2.1 |
| | 衬套衬垫带滑盖 | 25 | 14 | 2.2 |
| | 有衬垫滑盖带凸轮 | 14 | 4.7 | 0.78 |
| | 有衬垫滑盖带衬套 | 8.6 | 12 | 0.81 |
| 真空阀 | 附重加权，未加密封件 | 7.8 | 0.01 | 4 |
| | 附重加权，加密封件 | 6.2 | 1.2 | 0.04 |
| 浮盘支腿 | 可调式-内浮顶浮盘 | 7.9 | — | — |
| | 可调式（浮筒区域）有密封件 | 1.3 | 0.08 | 0.65 |
| | 可调式（浮筒区域）无密封件 | 2.0 | 0.37 | 0.91 |
| | 可调式（中心区域）有密封件 | 0.53 | 0.11 | 0.13 |
| | 可调式（中心区域）无密封件 | 0.82 | 0.53 | 0.14 |
| | 可调式，双层浮顶 | 0.82 | 0.53 | 0.14 |
| | 可调式（浮筒区域），衬垫 | 1.2 | 0.14 | 0.65 |

| 附件 | 状态 | $K_{Fa}$/（lb-mol/a） | $K_{Fb}$/（lb-mol/［（mph）$^{n}$·a］） | $m$ |
|---|---|---|---|---|
| 浮盘支腿 | 可调式（中心区域），衬垫 | 0.49 | 0.16 | 0.14 |
| | 固定式 | 0 | 0 | 0 |
| 边缘通气孔 | 配重机械驱动机构，有密封件 | 0.71 | 0.1 | 1.0 |
| | 配重机械驱动机构，无密封件 | 0.68 | 1.8 | 1.0 |
| 楼梯井 | 滑盖，有密封件 | 56 | — | — |
| | 滑盖，无密封件 | 98 | — | — |
| 浮盘排水 | — | 1.2 | — | — |

④浮盘缝隙损耗。

浮盘经焊接的内浮顶罐和外浮顶罐都没有盘缝损耗。由螺栓固定的内浮顶罐可能存在盘缝损耗，可由式（3-40）估算：

$$L_D = K_D S_D D^2 P^* M_V K_C \tag{3-40}$$

式中：$K_D$ —— 盘缝损耗单位缝长因子，lb-mol/（ft·a），焊接盘取 0，螺栓固定盘取 0.14；

$S_D$ —— 盘缝长度因子，ft/ft$^2$，如无相关数据，可按 0.2 取值；

$$S_D = \frac{L_{seam}}{A_{deck}} \tag{3-41}$$

式中：$L_{seam}$ —— 浮盘缝隙长度，ft；

$A_{deck}$ —— 浮盘面积，ft$^2$，$A_{deck}=\pi d^2/4$；

对于铺板为条形板的浮盘，$S_D=1/W$，$W$ 为条形板宽；

对于铺板为镶嵌板的浮盘，$S_D=（L+W）/LW$，$L$ 为镶嵌板的长，$D$ 为镶嵌板的宽；

$D$、$P^*$、$M_V$ 和 $K_C$ 的定义见式（3-33）。

部分油品参考理化参数见表 3-6。

**表 3-6 部分油品参考理化参数**

| 油品名称 | 液体密度/（t/m$^3$） | 温度/℃ | 真实蒸气压/kPa | 15.6℃时油气分子量/（g/mol） |
|---|---|---|---|---|
| 原油 | 0.86 | 37.8 | 45 | 50 |
| 汽油 | 0.77 | 37.8 | 85 | 68 |
| 轻石脑油 | 0.72 | 37.8 | 100 | 80 |
| 重石脑油 | 0.72 | 37.8 | 40 | 80 |
| 航煤 | 0.78 | 37.8 | 30 | 130 |
| 柴油 | 0.84 | 37.8 | 7 | 130 |
| 烷基化油 | 0.7 | 37.8 | 80 | 68 |
| 抽余油 | 0.67 | 37.8 | 80 | 80 |
| 污油 | 0.77 | 37.8 | 85 | 68 |
| 热蜡油 | 0.88 | 100 | 0.67 | 190 |
| 热渣油 | 0.92 | 100 | 0.39 | 190 |

注：真实蒸气压取值为理论计算的相对较大值。

### 3.6.2 闪蒸损耗

本节介绍瓦斯奎兹-贝格斯方程法计算有机液体的闪蒸损耗。瓦斯奎兹-贝格斯方程（VBE）是美国在20世纪80年代开发的有机液体闪蒸损耗评价公式。全球有超过6 000个油田及炼油企业使用该公式来评估油品的性质。该方程的计算需要输入8个变量：有机液体密度、闪蒸罐压力、闪蒸罐温度、闪蒸气相密度、有机液体处理量、储罐物料气相分子量、储罐排放气中的VOCs含量和大气压。公式首先通过闪蒸罐的操作温度、操作压力、有机液体的密度和闪蒸气相密度计算出该储品的气-油比（GOR），再通过储罐的周转量、VOCs所占的质量分数乘以气-油比，估算出闪蒸量。公式如下：

$$E_{闪蒸气}=\frac{\text{GOR}\times C_{处理量}\times H\times 27.4\%\times 16}{23.685\times 1\,000} \tag{3-42}$$

式中：$E_{闪蒸气}$ —— 某罐区闪蒸气排放量，t/a；

GOR —— 气-油比；

$C_{处理量}$ —— 罐区所对应工艺装置处理量，$m^3/h$；

$H$ —— 装置运行时间，h/a；

27.4% —— 甲烷所占的比例；

16 —— 甲烷分子量，kg/kmol；

23.685 —— 60℉下的气体摩尔体积，$m^3/kmol$。

其中，GOR采用式（3-43）计算：

$$\text{GOR}=G_{闪蒸气}\times\left\{\left[\left(P/519.7\times 10^{yg}\right)^{1.204}\right]_{闪蒸罐}-\left[\left(P/519.7\times 10^{yg}\right)^{1.204}\right]_{储罐}\right\} \tag{3-43}$$

式中：$G_{闪蒸气}$ —— 储罐闪蒸气相对比重；

$P$ —— 容器的绝对压力，kPa；

yg —— 容器中气体相对比重，$yg=1.225+0.001\,64\,T-$（1.769 /储液密度）。

### 3.6.3 泄压损耗

对于计算含挥发性液体混合物和不凝气组分（如空气、氮气）容器的泄压排放时，需要做一些假设和近似处理：

①系统的降压过程是线性的；

②忽略操作过程中漏入容器的空气；

③操作过程中液体和气体的温度保持恒定；

④泄压过程中容器的气相空间的气体与釜内挥发性液体组分保持平衡。

由于假设泄压过程中系统温度保持恒定，容器内液体组分的平衡蒸气压就是常数。因此，容器泄压过程中，气相空间排出的溶剂蒸气摩尔数保持恒定。挥发的溶剂蒸气占据了较大的容器气相空间并排出。当泄压过程开始，越来越多的溶剂蒸发以保持平衡蒸气压。因而，泄压过程产生的溶剂排放等于容器内净溶剂的蒸发，这个模型就是基于上述假设，见式（3-44）。

$$E_{泄压}=\frac{P_i(V_2-V_1)\times M}{R\times T\times 1000} \tag{3-44}$$

式中：$E_{泄压}$ —— 排出反应器 VOCs 单物质 $i$ 的摩尔数；

$V_1$ —— 泄压前气相空间体积，$m^3$；

$V_2$ —— 泄压后气相空间体积，$m^3$；

$P_i$ —— VOCs 单物质的分压，Pa；

$R$ —— 理想气体常数，8.314 J/（mol·K）；

$T$ —— 系统温度，假定不变，K；

$M$ —— 物质摩尔质量，g/mol。

## 3.6.4 附件泄漏损耗

对于有机液体储罐的基本罐型：固定顶罐（立式和卧式）和浮顶罐。浮顶罐的储存损耗评价公式已包括其附件 VOCs 损耗的估算；固定顶罐附件 VOCs 损耗的估算可参考本系列图书《工业企业涉 VOCs 多点散发源及监测分析等研究与实践》第 3 章“设备与管线组件泄漏”。

有机液体储存几乎包含在所有石化化工项目当中，在日常生活当中也普遍存在，如油品储库、加油站等。储罐的 VOCs 产生与排放过程复杂多样，使用 AP-42 计算公式较多，对于非专业人士使用和计算起来非常麻烦。为此，笔者及所在的生态环境部环境工程评估中心将 AP-42 的计算方法编制到一套 Excel 文档中，使用者可以通过输入必要的数据，直接得出排放量，对于缺失的数据，也可选用文档中默认的数值进行默认计算。当然，默认的数值都是偏于保守的，输入的数据越翔实，则计算出来的结果越精确；数据越少，则计算出来的结果会偏于保守。

AP-42 这种从储罐结构出发，分析梳理所有储存和调和的物理过程，从而制订的估算方法是较为准确的。但为了进一步简化有机液体储存和调和过程中 VOCs 的排放量，用于排污收费或者总量申报，笔者及所在的生态环境部环境工程评估中心挥发性有机物污染防控研究中心正在通过大量基础数据，研究基于主要影响因素的简化估算方法。当然，可以想象，这一方法估算出来的排放量也会较 AP-42 计算结果更为保守，这是为了鼓励企业多做工作，发现储存和调和环节中影响 VOCs 排放的关键环节，并寻找更佳方法控制和减少排放。

此外，对于有机液体储罐的排放量估算，USEPA 还曾推出“TANK 模型”，TANK 模型是 USEPA 办公室的大气质量规划和标准部门（OAQPS）开发和维护的，并配套有软件的用户手册，国内部分研究机构也曾使用。笔者在研究过程中发现，在我国使用 TANK 模型存在一些问题，不推荐直接使用。

原因之一是 TANK 模型中油品理化参数与我国不符。对于油品，TANK 模型中为美国油品的理化参数。由于炼油加工工艺路线的不同，中美两国油品主要在油品的真实蒸气压和气相分子量存在一定程度的差异。例如，模型中默认的航煤雷德蒸气压为 0.19 kPa（0.029 psi），而我国航煤的雷德蒸气压约在 10 kPa。在有机液体存储过程中，蒸气压与 VOCs 损耗基本呈线性关系。因此，蒸气压取值的差异对核算结果影响很大。笔者分别运用 AP-42 公式法和 TANK 模型试算 5 000 $m^3$ 航煤内浮顶罐的 VOCs 年排放量，在相同储存温度（25℃）、相同周转量（20 万 t/a）的情形下，AP-42 公式法的核算结果是 TANK 模型的 776 倍，这一估算结果也从侧面提醒了环保工作者，通过油品质量的控制，可以大幅度降低遍布全国的油品存储过程中的 VOCs 排放。

原因之二是 TANK 模型不适用于计算储存温度高于 37.8℃的油品的 VOCs 排放量。油品的真实蒸气压应按照其实际存储温度计算，而 TANK 模型对于油品真实蒸气压的数值设定是油品在 100℉时（37.8℃）对应的饱和蒸气压，因此即使实际温度超过 100℉（37.8℃），模型默认的仍是 100℉（37.8℃）时对应的数值。此种算法会低估某些需要加热存储的有机液体（如蜡油、渣油、原油、柴油）的损耗量。例如，我国高温渣油罐的存储温度一般在 150℃左右，分别运用 AP-42 公式法和 TANK 模型试算 5 000 $m^3$ 高温渣油罐的 VOCs 年排放量。AP-42 公式法的核算结果是 TANK 模型的 917 倍。

原因之三是储液主体温度计算的设置问题。在 TANK 模型中，有机液体主体温度的计算使用的是年度平均环境温度，而不是月平均环境温度。有机液体的温度数值直接影响液体表面温度的计算结果，其计算偏差会带来两个问题：一是液体表面温度的计算值在夏季时被低估，而在冬季时被高估；二是液体表面温度对应的饱和蒸气压值出现较大差异。

另外，TANK 模型中提供的油品种类偏少，只提供了原油、2#燃料油、汽油、航煤、航空石脑油和 6#渣油的油品理化参数，且未考虑特殊有机液体（如含硫含氨污水、冷焦水等）的理化参数取值问题。实际上，USEPA 网站也已经说明，TANK 模型计算方法存在的偏差较大。

## 3.7 报告格式

企业排查工作完成后，需形成排查报告（见表 3-7）。

表 3-7 挥发性有机液体储罐 VOCs 污染源排查报告

| 排查项目 | 企业挥发性有机液体储罐 VOCs 污染源排查 |
|---|---|
| 排查单位 | ××公司 |
| 监测实施单位 | ××公司 |
| 报告编制单位 | ××公司 |
| 排查时间 | ××××年××月××日 |
| 监测时间 | ××××年××月××日 |
| 储罐设施基本情况（填写模板） | 本企业一次原油加工能力为××× $10^4$ t/a，总罐容××× $10^4$ $m^3$，年周转量××× $10^4$ t/a。<br>储运部及各类在运装置的低压和常压储罐共有××座，其中低压储罐××座，常压固定顶罐××座，常压内浮顶罐××座，常压外浮顶罐××座。<br>各罐区现有 VOCs 末端控制设施××套，主要用于××罐区，处理工艺各为××，装置规模各为×× $m^3$/h |
| 挥发性有机液体储存过程 VOCs 排放估算结果及评估（填写模板） | ××公司对企业储罐设施进行 VOCs 污染源排查工作。<br>估算本企业××年度有机液体储存过程 VOCs 排放量约为××t |
| 挥发性有机液体储存过程 VOCs 损耗量削减潜力分析 | 达标性分析： 达标□ 不达标□，削减潜力：×× t/a<br>国内平均水平：已满足□ 未满足□，削减潜力：×× t/a<br>国内先进水平：已满足□ 未满足□，削减潜力：×× t/a |
| 备注 | 其他需要说明的排查结果 |

## 3.8 管理要求与建议

### 3.8.1 储罐选型

目前，国内涉及石化行业储存介质与罐型选择的国家或企业级技术规范或标准主要有《石化储运系统罐区设计规范》《石油炼制工业污染物排放标准》《挥发性有机物无组织排放控制标准》《制药工业大气污染物排放标准》《农药工业大气污染物排放标准》等。

#### 3.8.1.1 《石化储运系统罐区设计规范》

在《石化储运系统罐区设计规范》中，储罐的选型主要是出于安全的角度考虑。首先，将储存介质按照闪点的范围分为甲、乙、丙三大类（见表 3-8），再按其火灾危险性的大小进行储罐选型的判定。

**表 3-8　液化烃、可燃液体的火灾危险性分类**

| 名称 | 类别 | | 内容 |
|---|---|---|---|
| 液化烃 | 甲 | A | 15℃时的蒸气压>0.1 MPa 的烃类液体及其他类似的液体 |
| 可燃液体 | 甲 | B | 甲$_{A}$类以外，闪点<28℃ |
| | 乙 | A | 闪点：28～45℃ |
| | 乙 | B | 闪点：45～60℃ |
| | 丙 | A | 闪点：60～120℃ |
| | 丙 | B | 闪点>120℃ |

按照《石化储运系统罐区设计规范》的基准，储存介质与罐型选择的要求如下：

①液化烃常温储存应选用压力储罐。

②储存温度下饱和蒸气压大于或等于大气压的物料，应选用低压储罐或压力储罐。

③储存温度下饱和蒸气压低于大气压的甲$_{B}$、乙$_{A}$类液体，应选用浮顶罐或内浮顶罐并符合以下规定：a. 浮顶罐应选用钢制浮舱式浮盘并应采用二次密封装置；b. 内浮顶罐应选用金属制浮舱式浮盘。

④有特殊储存需要的甲$_{B}$、乙$_{A}$类液体，可选用固定顶罐，但应采取限制罐内气体直接排入大气的措施。

⑤乙$_{B}$和丙类液体，可选用固定顶罐。

⑥酸类、碱类宜选用固定顶罐或卧罐。

⑦液氨常温储存应选用球罐或卧罐。

#### 3.8.1.2　《石油炼制工业污染物排放标准》

在《石油炼制工业污染物排放标准》中，储罐选型的依据是储存介质的真实蒸气压和罐容。在其 5.2 节中列出了挥发性有机液体储罐的污染控制要求：

①储存物料的真实蒸气压≥76.6 kPa 的挥发性有机液体应采用压力储罐。

②储存物料的真实蒸气压≥5.2 kPa 但<27.6 kPa 的设计容积≥150 $m^3$ 的挥发性有机液体储罐，以及储存真实蒸气压≥27.6 kPa 但<76.6 kPa 的设计容积≥75 $m^3$ 的挥发性有机液体储罐应符合下列规定之一：

a. 采用内浮顶罐；内浮顶罐的浮盘与罐壁之间应采用液体镶嵌式、机械式鞋形、双封式等高效密封方式。

b. 采用外浮顶罐；外浮顶罐的浮盘与罐壁之间应采用双封式密封，且初级密封采用液体镶嵌式、机械式鞋形等高效密封方式。

c. 采用固定顶罐，应安装密闭排气系统至有机废气回收或处置装置，非甲烷总烃去除效率≥95%（重点区域≥97%）。

#### 3.8.1.3 《挥发性有机物无组织排放控制标准》

在《挥发性有机物无组织排放控制标准》中，储罐选型的依据是储存介质的真实蒸气压和罐容。在其5.2节中列出挥发性有机液体储罐的污染控制要求：

①储存物料的真实蒸气压≥76.6 kPa且储罐容积≥75 $m^3$的挥发性有机液体储罐，应采用低压罐、压力罐或其他等效措施。

②储存物料的真实蒸气压≥27.6 kPa但＜76.6 kPa且储罐容积≥75 $m^3$的挥发性有机液体储罐（重点区域还包括储存真实蒸气压≥5.2 kPa但＜27.6 kPa且储罐容积≥150 $m^3$的挥发性有机液体储罐），应符合下列规定之一：

a. 采用浮顶罐。对于内浮顶罐，浮顶与罐壁之间应采用浸液式密封、机械式鞋形密封等高效密封方式；对于外浮顶罐，浮顶与罐壁之间应采用双重密封，且一次密封应采用浸液式密封、机械式鞋形密封等高效密封方式。

b. 采用固定顶罐，排放的废气应收集处理并满足相关行业排放标准的要求（无行业排放标准的应满足GB 16297—2017的要求），或者处理效率不低于80%（重点区域≥90%）。

c. 采用气相平衡系统。

d. 采用其他等效措施。

### 3.8.2 储罐运行维护

#### 3.8.2.1 浮顶罐

①浮顶罐罐体应保持完好，不应有孔洞、缝隙。浮顶边缘密封不应有破损。

②储罐附件开口（孔），除采样、计量、例行检查、维护和其他正常活动外，应保持密闭。

③支柱、导向装置等储罐附件穿过浮顶时，应采取密封措施。

④除储罐排空作业外，浮顶应始终漂浮于储存物料的表面。

⑤自动通气阀在浮顶处于漂浮状态时应关闭且密封良好，仅在浮顶处于支撑状态时开启。

⑥边缘呼吸阀在浮顶处于漂浮状态时应密封良好，并定期检查定压是否符合设定要求。

⑦除自动通气阀、边缘呼吸阀外，浮顶的外边缘板及所有通过浮顶的开孔接管均应浸入液面下。

⑧外浮顶罐边缘密封的一级密封圈与罐壁之间的边缘缝隙面积应小于212 $cm^2/m$储罐直径，或一级密封圈与罐壁之间任一边缘缝隙的任一部分的宽度小于3.8 cm；二级密封圈与罐壁之间的边缘缝隙面积应小于21.2 $cm^2/m$储罐直径，或二级密封圈与罐壁之间

任一边缘缝隙的任一部分的宽度小于 1.3 cm。

⑨支柱、导向装置等储罐附件穿过浮顶罐浮盘时，其套筒底端应插入储存物料中，并采取密封措施。

#### 3.8.2.2 固定顶罐

①固定顶罐罐体应保持完好，不应有孔洞、缝隙。

②储罐附件开口（孔），除采样、计量、例行检查、维护和其他正常活动外，应保持密闭。

③定期检查呼吸阀的定压是否符合设定要求。

#### 3.8.2.3 维护与记录

挥发性有机液体储罐不符合以上要求，应记录并在90天内修复或排空储罐停止使用。如延迟修复或排空储罐，应将相关方案报生态环境主管部门确定。

### 3.8.3 与标准政策符合性分析

#### 3.8.3.1 与标准符合性分析

与现行标准符合性分析，可参考表 3-9。

表 3-9 挥发性有机液体储罐标准规范符合性分析

| 序号 | 标准要求 | 企业情况 | 是否符合 |
|---|---|---|---|
| 1 | 储存真实蒸气压≥76.6 kPa 的挥发性有机液体应采用压力储罐 | | |
| 2 | 储存真实蒸气压≥5.2 kPa 但<27.6 kPa 的设计容积≥150 $m^3$ 的挥发性有机液体储罐，以及储存真实蒸气压≥27.6 kPa 但<76.6 kPa 的设计容积≥75 $m^3$ 的挥发性有机液体储罐应符合下列规定之一：<br>a. 采用内浮顶罐；内浮顶罐的浮盘与罐壁之间应采用液体镶嵌式、机械式鞋形、双封式等高效密封方式。<br>b. 采用外浮顶罐；外浮顶罐的浮盘与罐壁之间应采用双封式密封，且初级密封采用液体镶嵌式、机械式鞋形等高效密封方式。<br>c. 采用固定顶罐，应安装密闭排气系统至有机废气回收或处理装置，其大气污染物排放应符合《石油炼制工业污染物排放标准》表 3、表 4 的规定 | | |
| 3 | 浮顶罐浮盘上的开口、缝隙密封设施，以及浮盘与罐壁之间的密封设施在工作状态应密闭。若检测到密封设施不能密闭，在不关闭工艺单元的条件下，在 15 日内进行维修技术上不可行，则可以延迟维修，但不应晚于最近一个停工期 | | |
| 4 | 对浮盘的检查至少每 6 个月进行一次，每次检查应记录浮盘密封设施的状态，记录应保存 1 年以上 | | |

### 3.8.3.2 与政策符合性分析

与现行政策符合性分析，可参考表 3-10。

表 3-10 挥发性有机液体储罐政策文件要求符合性分析

| 序号 | 政策来源 | 政策要求 | 企业情况 | 是否符合 |
|---|---|---|---|---|
| 1 | 《重点行业挥发性有机物综合治理方案》 | 汽油、航空煤油、原油以及真实蒸气压小于 76.6 kPa 的石脑油应采用浮顶罐储存，其中，油品容积小于或等于 100 $m^3$ 的，可采用卧式储罐 | | |
| 2 | 《重点行业挥发性有机物综合治理方案》 | 真实蒸气压大于或等于 76.6 kPa 的石脑油应采用低压罐、压力罐或其他等效措施储存 | | |
| 3 | 《重点行业挥发性有机物综合治理方案》 | 推动储油库安装油气回收自动监控设施 | | |
| 4 | 《"十三五"挥发性有机物污染防治工作方案》 | 建设油气回收自动监测系统平台，储油库和年销售汽油量大于 5 000 t 的加油站加快安装油气回收自动监测设备 | | |
| 5 | 《"十三五"挥发性有机物污染防治工作方案》 | 严格按照排放标准要求，加快完成加油站、储油库、油罐车油气回收治理工作 | | |
| 6 | 《"十三五"挥发性有机物污染防治工作方案》 | 企业要加强对油气回收系统外观检测和仪器检测，确保油气回收系统正常运转 | | |
| 7 | 《重点行业挥发性有机物综合治理方案》 | 加大中间储罐等治理力度，真实蒸气压大于或等于 5.2 kPa 的，要严格按照有关规定采取有效控制措施 | | |
| 8 | 《重点行业挥发性有机物综合治理方案》 | 推广采用煤油、柴油等油品在线调和技术 | | |
| 9 | 《关于加快解决当前挥发性有机物治理突出问题的通知》 | 重点区域存储汽油、航空煤油、石脑油以及苯、甲苯、二甲苯的内浮顶罐罐顶气未收集治理的，宜配备新型高效浮盘与配件，选用"全接液高效浮盘+二次密封"结构 | | |
| 10 | 《关于加快解决当前挥发性有机物治理突出问题的通知》 | 鼓励使用低泄漏的储罐呼吸阀、紧急泄压阀；固定顶罐或建设有机废气治理设施的内浮顶罐宜配备压力监测设备，罐内压力低于 50%设计开启压力时，呼吸阀、紧急泄压阀泄漏检测值不宜超过 2 000 μmol/mol | | |
| 11 | 《关于加快解决当前挥发性有机物治理突出问题的通知》 | 充分考虑罐体变形或浮盘损坏、储罐附件破损等异常排放情况，对废气收集引气装置、处理装置设置冗余负荷；储罐排气经吸收、吸附、冷凝等工艺回收处理后，无法稳定达标排放的，应进一步优化治理设施或实施深度治理；鼓励企业对内浮顶罐排气进行收集处理 | | |
| 12 | 《关于加快解决当前挥发性有机物治理突出问题的通知》 | 储罐罐体（除内浮顶边缘通气孔外）应保持完好，不应有孔洞、缝隙；除采样、计量、例行检查、维护和其他正常活动外，储罐附件的开口（孔）应保持密闭 | | |

## 3.8.4 工作建议

### 3.8.4.1 源头控制

（1）合理选择罐型

对于一些特殊有机液体的罐型选择需加强重视。例如，含硫含氨污水、冷焦水和加热油品（如蜡油和渣油）。

含硫含氨污水和冷焦水在输送的过程中，常会夹带蒸气压较高的轻组分污油。轻质污油堆置在“水”的上方。在静止储存时，经太阳辐射引起上部空间气体膨胀并损耗的是轻质油层，而当有机液体罐收发原料时，散逸出的气相仍然是轻质浮油产生的油蒸气。因此，含硫含氨污水和冷焦水储罐名义上为“水”罐，实际上近似于轻质油品储罐。

对于某些重质油品（如蜡油、渣油和污油），之所以可以用固定顶罐储存，是因为其闪点和沸点较高，挥发性较小。但是这类油品在储存过程中对储存温度有不同程度的要求，一般需加热到 60～100℃。储罐在加热过程中，油品的储存温度不断升高，其饱和蒸气压也在不断增大，蒸发速度加快，挥发性也逐渐提升。

对于以上情况，按标准规定可选用固定顶罐，排放的废气应收集处理并满足相关行业排放标准的要求。

（2）提升内浮顶罐附件选型标准

①浮盘选型。

在我国石化行业中，内浮顶储罐的浮盘大多为浮筒式浮盘。浮筒式浮盘为独立的浮力元件，其缺点主要有浮力难以均匀分布，负荷小，浮动欠稳定，在内浮顶盖板以下存在有机液体挥发空间 100～200 mm，因挥发空间的存在，该类浮盘的盘缝损耗较大。

焊接式浮盘和双层板全接液式浮盘是内浮顶先进的结构形式，国外已广泛应用。焊接型浮盘不存在缝隙损耗；全接液浮箱式浮盘与浮筒式浮盘均属于铆接浮盘，但不同之处在于，全接液浮箱式浮盘的构造型式可直接与有机液体表面接触，无挥发空间，浮盘的密封性较好。另外，该类型浮盘占用储罐空间较小，安装相对简单、动火少，安装时间较短，投用后检修率低，性价比高。

②边缘密封选型。

在我国石化行业中，内浮顶储罐的边缘密封多为单级密封。在单级密封的使用中，主要有管式充液式密封和泡沫软式密封两大类。另外，由于罐体结构和安装方面的原因，边缘密封与有机液体表面之间往往存在气相空间，从而导致 VOCs 损耗（见图 3-5）。

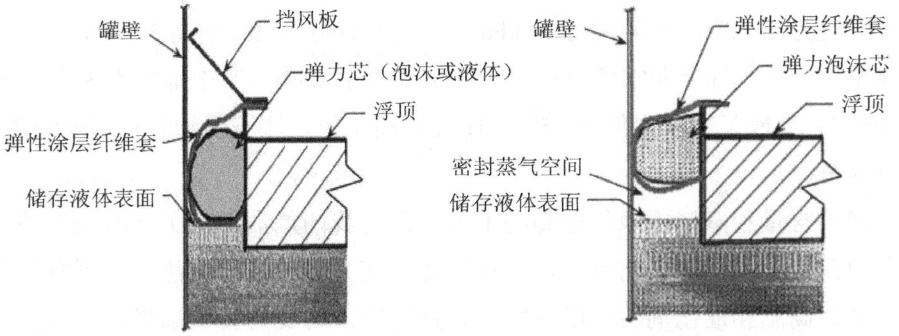


**图 3-5 边缘密封构造对比**

因此，建议：

a. 根据标准要求，结合罐体结构合理安装边缘密封，消除边缘密封和液面气相空间，减少损耗。

b. 增加二次密封。二级密封可对因单级密封不严密造成的蒸发损耗进行控制，可减少 70%～90%的边缘密封损耗量。

（3）合理使用涂漆

储罐涂漆对于VOCs损耗的影响主要是基于涂料的颜色对太阳热能辐射接受的程度。在我国石化行业中，固定顶罐的罐壁涂漆颜色主要有绿色、灰色、铝色和白色。颜色越深，反射热效应性能越差，其接受太阳能热量的能力越强，罐内温度就越容易升高，导致蒸发损耗量加大。

需要指出的是，在储罐使用过程中，涂料对太阳辐射吸收的能力常因空气氧化作用而增强。例如，铝粉涂料刚涂完时，吸收率约为 0.39，经过一段时间后，则可达到 0.6～0.7。

因此，建议：

①储罐罐壁涂漆使用白色。

②选用储罐涂料时，应注意选用不易由于化学变化而降低其反射太阳辐射性能的涂料。另外，储罐涂层应定期重刷，以保护罐体不被腐蚀，并保持良好的反射阳光的性能。

#### 3.8.4.2 过程控制

真实蒸气压是影响油品存储、调和剂使用过程中 VOCs 挥发损耗的主要决定性因素。而影响油品真实蒸气压的关键因素是油品组分中烯烃和芳烃的含量。

在我国汽油质量标准中，烯芳烃的含量和蒸气压限值过高。我国国家标准规定的冬季为 85 kPa，比美国及美国加利福尼亚州标准分别高出 34 kPa（美国汽油质量标准油品蒸气压的限值为 51.7 kPa）和 37 kPa（美国加利福尼亚州的标准限值为 48 kPa）。夏季最高蒸气压限值为 65 kPa，比美国高 23 kPa，比美国加利福尼亚州高 17 kPa；我国 2016 年实施的《车用汽油》标准要求烯烃和芳烃含量不大于 68%（其中烯烃不大于 28%，芳烃不大于 40%），比欧Ⅴ标准限值高 15%，比美国高 1 倍，比美国加利福尼亚州高 170%，差距十分显著。

烯芳烃的含量和蒸气压限值过高的主要原因与我国炼油加工工艺路线有关。我国生产汽油主要是以催化裂化工艺为主，催化裂化工艺大分子烃类在热作用下发生裂化和缩合，重质油在高温和催化剂的作用下发生裂化反应，转变为富含烯烃的轻质油。目前，我国汽油调和组分中催化裂化汽油的比例超过 70%，而欧洲汽油调和组分中催化裂化汽油约占 32%，美国汽油调和组分中催化裂化汽油约占 38%。相比较而言，欧美各国更加青睐催化重整、加氢裂化和加氢精制工艺。

催化重整工艺核心是汽油馏分中的烃类分子在有催化剂作用的条件下，对结构进行重新排序，进而得到高辛烷值汽油；加氢裂化工艺的实质是加氢和催化裂化过程的有机结合，在进行催化裂化反应时，同时伴随有烃类加氢反应，使烯烃饱和；而加氢精制反应是在氢压和催化剂作用下，脱除油品中的硫、氮等有害杂质，并使烯烃、二烯烃和芳烃加氢饱和，以改善油品的质量。

我国油品质量升级的核心可归结为降低油品烯芳烃以及硫的含量，需从工艺和装置层面实现三点变化：一是扩大催化重整、加氢裂化和加氢精制的比重，增加高辛烷值汽油组分；二是对催化汽油进行加氢，降低汽油硫含量；三是建设并完善汽油在线调和设施。

#### 3.8.4.3 末端控制

末端控制是指在储罐（区）增设 VOCs 回收处理设施，并对去除效率提出控制要求。在《石油炼制工业污染物排放标准》中规定末端回收设施的非甲烷总烃的控制效率需大于 95%。目前，我国石化行业有机液体储罐区 VOCs 末端治理技术应用最为广泛的是吸收法、吸附法、膜分离法和冷凝法。

（1）吸收法

吸收法是采用低挥发或不挥发液体为吸收剂，利用废气中各种组分在吸收剂中溶解度或化学反应特性的差异，使废气中的有害组分被吸收剂吸收，从而达到净化废气的目的。VOCs 的吸收通常为物理吸收，根据有机物相似相溶原理，常采用沸点较高、蒸气压较低的柴油、煤油作为溶剂，使 VOCs 从气相转移到液相中，然后将吸收富液送入柴油加氢等后续工序或对吸收液进行解吸处理后循环使用。对一些水溶性较高的化合物，也可以使用水作为主要吸收剂，吸收液进行精馏以回收有机溶剂。吸收法典型工艺流程如图 3-6 所示。

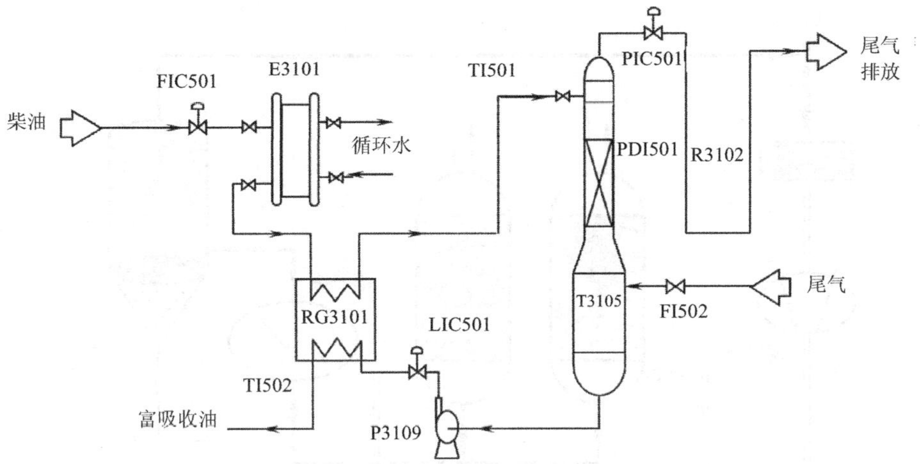


1. FIC501—贫柴油流控；2. E3101—柴油冷却器；3. RG3101—冷冻机组；4. LIC5101—吸收塔液控；5. TI502—富柴油温度计；6. P3109—富柴油吸收泵；7. T3105—吸收塔；8. TI501—贫柴油冷却后温度；9. PIC501—吸收塔顶压控；10. PDI501—填料段压力；11. FI502—罐区尾气流控手阀；12. R3102—净化尾气排放流量计

**图 3-6　柴油吸收法典型工艺流程（吸收富液送后续工序）**

吸收法处理 VOCs 效果的好坏取决于吸收剂的性能。吸收剂一般选取对目标 VOCs 溶解度大，选择性强，蒸气压低，对设备无腐蚀，价格便宜，来源广泛，黏度低，无毒且化学稳定性好的吸收剂；气液接触面积大，阻力小，易操作，运行稳定等是影响吸收设备的主要考虑因素。常用的吸收设备是填料塔。此外，气液比、VOCs 初始浓度、运行温度、压降以及解吸性能也是影响吸收塔吸收效果的主要因素，使用时需权衡考虑。

吸收法的动力消耗主要包括液体泵的输送能耗及再生过程真空泵的减压能耗。吸收溶剂的损耗主要来自 VOCs 气体的携带损耗。

吸收液的工作性能与吸收液的有效浓度、吸收温度、吸收压力、吸收塔的操作气速、吸收剂的再生效果等因素有关。吸收法 VOCs 的去除率一般为 60%～95%。

采用吸收法回收气体中的 VOCs 时，应严格控制操作温度。若温度过高，会明显降低 VOCs 去除效果，还会增加吸收剂在气相中的携带损耗，产生二次污染。

吸收法一般用于处理中高浓度的 VOCs 污染物，具有成本及运行费用较低、操作简单、设计弹性大等优点，但主要缺点是回收率较低、操作压降较高，不利于间歇操作，对吸收剂与吸收设备要求较高。

（2）吸附法

吸附法是利用某些具有吸附能力的物质（如活性炭、分子筛、硅胶、多孔黏土矿石、高聚物吸附树脂等吸附剂），将气体中的 VOCs 进行有效的吸附，吸附饱和后的吸附剂通过减压/加热等方式再生后循环使用。吸附法典型的工艺流程如图 3-7 所示。

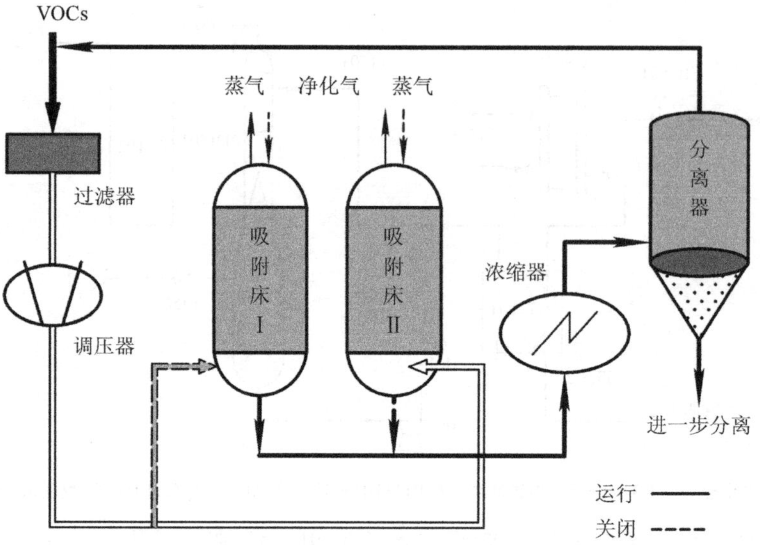


图 3-7　吸附法典型工艺流程（加热蒸汽再生）

根据吸附剂和吸附质之间的作用方式，吸附可分为物理吸附和化学吸附。物理吸附是可逆过程，该吸附现象的作用力主要是由吸附质分子与吸附剂表面间的范德华作用力构成；化学吸附是指吸附质与吸附剂之间电子交换、转移或共有（形成共价键）的过程，且常为不可逆。物理吸附和化学吸附最本质的区别是吸附力的性质；此外，两种吸附过程在选择性、活化能、吸附热、吸附层数、吸附温度、吸附速率等方面都有显著差异，由此作为选择吸附类型的重要依据。

根据采用的设备型式，吸附法又分为固定床吸附法、流动床吸附法和转轮浓缩吸附法。蜂窝轮连续不断地将低浓度、大气量废气中的 VOCs 吸附，再用小风量的热风脱附得到高浓度的废气，这样在一个系统内就可以完成吸附和脱附操作，大大降低了设备投资，但存在投资后运行费用较高且产生二次污染的缺点。

根据吸附与解吸操作条件的变化，可以分为变压吸附（PSA）、变温吸附（TSA）和变温变压吸附（TPSA）3 种。变压吸附是近 50 年发展起来的气体分离、净化与提纯技术，是恒温或无热源的吸附分离过程，利用吸附等温线斜率的变化和弯曲度的大小，改变系统压力，使吸附质吸附和脱附。按照操作方式的不同，变压吸附可以分为平衡分离型与速度分离型两类，分别根据气体在吸附剂上平衡吸附性能的差异和吸附剂对各组分吸附速率的差别来实现气体分离。该法可以实现循环操作，具有自动化程度高、投资少、能耗低、安全等优点。变温吸附利用组分在不同温度下吸附容量的差异来实现吸附和分离的循环，低温下被吸附的组分在高温下脱附，使吸附剂再生，冷却后的吸附剂再次于低温下吸附强吸附组分。

吸附法的能耗主要来源于再生过程的加热蒸汽或真空泵的减压过程。

吸附剂的工作性能与吸附物的浓度、吸附温度、吸附压力、吸附气速、吸附剂的再生效果等因素有关。吸附法 VOCs 的去除率一般为 80%～98%。

采用蒸汽加热再生过程时，将再生蒸汽冷凝后分为油水两相，水相中不可避免地携带一定量的 VOCs，处理不当会造成二次污染。

吸附法一般用于处理中低浓度的 VOCs 污染物，具有能耗低、工艺成熟、去除率高、净化彻底、易于推广等优点。活性炭固定床吸附变温再生技术适合我国现有的经济、技术水平，且回收纯度高。吸附剂的回收困难、运营成本高和容易产生二次污染是吸附法的主要弊端，在一定程度上限制了其广泛使用。

（3）膜分离法

膜分离技术是采用对有机物具有选择性渗透的膜材料，在一定的压力下使 VOCs 渗透而达到分离的目的。当 VOCs 气体进入膜分离系统后，膜选择性地使 VOCs 气体通过而被富集，脱除了 VOCs 的气体留在未渗透侧；富集了 VOCs 的气体可去冷凝回收系统进行有机溶剂的回收。常用的处理废气中 VOCs 的膜分离工艺包括蒸汽渗透（Vapor Permeation，VP）、气体膜分离（Gas/Vapor Membrane Separation，GMS/VMP）和膜接触器（Membrane Contactor，MC）等。

该技术适用于处理较高浓度、较低气量 VOCs，目前主要应用在汽油装卸等环节。该技术的主要优点是技术先进、工艺相对简单，但不足之处是初期投资费用较高，膜材料的稳定性有待进一步提高。

采用膜分离工艺时，尽管 VOCs 去除率大于 95%，但绝对出口浓度比较高。如果将来排放限值降低，则需要采用多级串联吸附解决。另外，膜材料容易受到杂质影响中毒，且长期使用后易发生堵塞，需严格控制杂质含量及操作条件。

此外，压缩机工作时压力在 350 Pa 左右，存在安全隐患，需要严格控制 VOCs 中氧气的含量及操作温度。

（4）冷凝法

冷凝法回收 VOCs 是利用冷凝装置产生低温来降低 VOCs 与空气混合气的温度。当混合气进入冷凝装置时，VOCs 中具有不同露点温度的组分会依次被冷凝成液态而分离出来。冷凝法处理工艺流程如图 3-8 所示。冷凝装置的冷凝温度一般按预冷、机械制冷、液氮制冷等步骤实现。预冷器运行温度在混合气各组分的凝固点以上，进入装置的混合气温度降到 4℃左右，大部分水气凝结为水而除去，机械制冷可使大部分 VOCs 冷凝为液体回收，若需要更低的冷凝温度，可以在机械制冷后联结液氮制冷，这样可使 VOCs 回收率达到 99%左右。

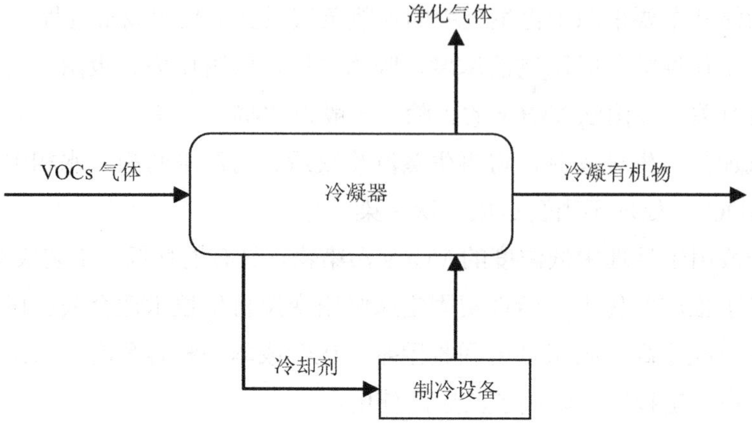


图 3-8　冷凝法典型工艺流程

冷凝法油气回收处理的技术优势，得益于近 30 年来制冷技术的长足进步，主要表现在：①制冷压缩机提高了能效比，使得容积效率、压缩机排量、指示效率和可靠性等大幅提高；②新型制冷剂的开发及应用提高了制冷系统的单位质量制冷量；③新型换热技术开发及应用，有效地减小了制冷系统的单位体积和不可逆传热损耗；④广泛应用计算机技术和智能化控制器件，冷凝法油气回收处理装置的自动化程度已达到相当高的水平，实现了操作的升级换代，使得制冷工艺参数得到精确控制与优化，提高了系统运行的稳定性和安全性。

#### 3.8.4.4　小结

从控制 VOCs 排放的技术角度，控制措施基本可分为两种：一种是抑制 VOCs 挥发损耗进而减少其排放的预防性措施；另一种是以末端治理为主的控制性措施。这两种措施主要都是针对固定顶罐。

第一种方法是基于减少有机液体与气体直接接触的自由表面面积，降低烃分子逸入气相的机会，控制气体空间中烃分子的扩散，典型的技改措施为固定顶罐改造为浮顶罐；而对于末端控制，采取的是“任其自由挥发，而后回收治理”的管控思路。典型的技改措施是增设 VOCs 末端治理设施。但由于目前的生产技术水平所限，这种回收设施的收集效率非常低，回收的有价值资源极其有限，且会伴随二次污染（如废活性炭的处理）。而且增设末端治理设施的一次性投资费用为几十万到上百万不等，而罐型改造的费用为 30 万～40 万元/个，相比之下，后者较为廉价。总体来说，罐型改造和提升附件选型标准属于性价比较高的改造措施，浮顶罐的构造基本上消除了 VOCs 的挥发空间，既可以从源头上控制对大气环境的污染，又能够提高物料的收率和质量，增加经济效益，而且成本相对低廉。因此，该方法更为合理。

## 3.9 估算方法案例

### 3.9.1 储存损耗

**案例一：柴油固定顶罐 VOCs 损耗估算**

某市一座炼油厂的柴油成品立式固定顶罐，其储存容积为 5 000 $m^3$，罐体高度为 16 m，年平均储存高度约为 9 m，罐壁和罐顶的涂漆颜色为白色，呼吸阀设定压力为 −295 ~ 980 Pa，2021 年该罐的年周转量为 $10\times10^4$ t，未设油气回收设施。估算该储罐 2021 年 VOCs 损耗量。

解：步骤 1. 梳理基础数据。

①气象数据。

查阅资料可知 2021 年该市的年平均温度约为 20℃，大气压为 1 atm，太阳辐射强度为 1 016.1 Btu/（$ft^2$·d）。

②有机液体理化数据。

通过实测和查阅资料可得：

a. 柴油成品的雷德蒸气压约为 2.81 kPa，通过计算得出液体表面温度约为 25℃，该柴油在 25℃时的真实蒸气压约为 1.5 kPa，油气摩尔质量为 130.75 g/（g-mol）;

b. 液体密度为 0.84 t/$m^3$。

③构造数据。

容积：5 000 $m^3$；直径：21 m；罐体高度：16 m；年平均储存高度：9 m；罐体涂漆颜色：白色；呼吸阀设定压力：−295 ~ 980 Pa。

④周转数据。

全年该罐的年周转量：$10\times10^4$ t。

步骤 2. 计算损耗因子。

结合案例提供的相关信息和数据，代入相应的公式，计算出固定顶罐静置损耗和工作损耗公式中的各损耗因子。

①静置损耗。

a. 气相空间膨胀因子。通过输入当地大气压、环境温度、太阳能辐射强度、罐壁涂料颜色和呼吸阀设定压力等参数，计算出气相空间膨胀因子为 0.066。

b. 气相空间高度。通过输入罐体高度、平均储存高度、罐穹顶半径和罐体半径等参数，计算出气相空间高度为 8.9 m。

c. 气相空间饱和因子。通过输入气相空间高度和真实蒸气压等参数，计算出气相空间饱和因子约为0.75。

d. 气相密度。通过输入真实蒸气压、气相摩尔质量和液体表面温度等参数，计算出气相密度为78.5 g/m$^3$。

将以上计算得出的数据代入公式：$L_S = 365K_E\left(\frac{\pi}{4}D^2\right)H_{VO}K_SW_V$，即得出该柴油罐2014年的静置损耗约为4.44 t。

②工作损耗。

a. 工作损耗周转因子。通过输入周转量，计算出该储罐年周转次数约为28.4次，小于36次，故工作损耗周转因子取值1。

b. 呼吸阀工作状态因子。通过输入大气压、真实蒸气压、工作损耗周转因子、呼吸阀设定压力等参数，计算出呼吸阀工作状态因子约为0.99。

将以上计算得出的数据代入公式：$L_W = \frac{5.614}{RT_{LA}}M_VP_{VA}QK_NK_PK_B$，即得出该柴油罐2021年的工作损耗约为9.47 t。

2021年该储罐的总损耗 = 静置损耗+工作损耗 = 13.9 t。

## 案例二：汽油内浮顶罐VOCs损耗估算

某市一座炼油厂的汽油成品内浮顶罐，2021年该罐的年周转量为$10\times10^4$ t，其储存容积为5 000 m$^3$，边缘密封为管式充液式密封，浮盘类型为铆接浮筒式，人孔数量2个，计量井1个，采样井1个，浮盘支腿90个，边缘通气孔8个，真空阀2个，未设油气回收设施。估算该储罐2021年VOCs损耗量。

解：步骤1. 梳理基础数据。

①气象数据。

查阅资料可知2021年该市的年平均温度约为20℃，大气压为1 atm，太阳辐射强度为1 016.1 Btu/（ft$^2$·d）。

②有机液体理化数据。

通过实测和查阅资料可得：

a. 汽油成品的雷德蒸气压约为65 kPa，通过计算得出液体表面温度约为25℃，该汽油在25℃时的真实蒸气压约为44 kPa，油气摩尔质量为68.75 g/mol;

b. 液体密度为0.84 t/m$^3$。

③构造数据。

容积：5 000 $m^3$；直径：21 m；边缘密封：管式充液式密封；浮盘类型：铆接浮筒式；人孔数量：2 个；计量井：1 个；采样井：1 个；浮盘支腿：90 个；边缘通气孔：8 个；真空阀：2 个。

④周转数据。

2021 年该罐的年周转量：$10 \times 10^4$ t/a。

步骤 2. 计算各附件损耗。

结合案例提供的相关信息和数据，代入相应的公式，计算出内浮顶罐的边缘密封损耗、挂壁损耗、浮盘附件损耗和盘缝损耗。

①边缘密封损耗。

通过输入当地大气压、汽油在 25℃时的真实蒸气压等参数，计算出蒸气压函数为 0.14；再将半径、油气分子量、密封类型、产品代入公式，结合 AP-42 源强手册提供的密封损耗系数和油品因子系数，计算得出边缘密封损耗量为 2.05 t。

②挂壁损耗。

通过输入年周转量、容积、液体密度等参数，结合 AP-42 源强手册提供的油垢因子系数，计算得出挂壁损耗量为 9.69 t。

③浮盘附件损耗。

通过输入各类附件的数量（人孔数量：2 个；计量井：1 个；采样井：1 个；浮盘支腿：90 个；边缘通气孔：8 个；真空阀：2 个；楼梯井：1 个），结合 AP-42 源强手册提供的浮盘附件损耗系数，计算得出挂壁损耗量为 1.71 t。

④浮盘盘缝损耗。

通过输入浮盘的类型，结合 AP-42 源强手册提供的浮盘盘缝损耗系数，计算得出盘缝损耗量为 14.16 t。

2021 年该储罐的总损耗 = 边缘密封损耗+挂壁损耗+浮盘附件损耗+盘缝损耗 = 27.29 t。

### 3.9.2 闪蒸损耗

**案例三：常减压闪蒸损耗计算**

一套常减压装置的原油处理能力是 730 $m^3$/h，密度为 0.78 t/$m^3$，原油从闪蒸罐（操作压力：197.2 kPa；操作温度：45℃）输送至常压罐存储时会出现闪蒸损耗。常压罐的存储温度为 26.6℃。储罐排放的甲烷含量和各组分的比重均未知，求该过程的闪蒸损耗（注：未接入回收设施）。

解：

$$GOR = G_{闪蒸气} \times \left\{ \left[ \left( P / 519.7 \times 10^{yg} \right)^{1.204} \right]_{闪蒸罐} - \left[ \left( P / 519.7 \times 10^{yg} \right)^{1.204} \right]_{储罐} \right\}$$

已知闪蒸罐的操作压力：197.2 kPa；操作温度：45℃；常压储罐的操作温度：26℃。

步骤 1. 计算闪蒸罐和常压罐的绝对压力。

$$P_{闪蒸罐（绝对）} = 197.\ 2 + 101.325 = 298.5\ \text{kPa}$$

$$P_{常压储罐(绝对)} = 101.325\ \text{kPa}$$

步骤 2. 计算参数 yg。

闪蒸罐和常压罐分别计算参数 yg，需使用的相关参数如下：闪蒸罐绝对压力 298.5 kPa，常压罐绝对压力 101.325 kPa。

$$yg_{闪蒸罐} = 1.225 + 0.001\,64 \times 298.5 - \frac{1.769}{0.785} = -0.52$$

$$yg_{闪蒸罐} = 1.225 + 0.001\,64 \times 101.325 - \frac{1.769}{0.785} = -0.55$$

步骤 3. 计算气油比。

$$GOR = 0.90 \times \left\{ \left[ \left( \frac{298.5}{519.7} \times 10 - 0.52 \right) \times 1.204 \right]_{闪蒸罐} - \left[ \left( \frac{101.3}{519.7} \times 10 - 0.55 \right) \times 1.204 \right]_{常压罐} \right\}$$

$$= 0.768\ \text{m}^3/\text{m}^3$$

步骤 4. 计算闪蒸量。

闪蒸气含有甲烷等轻烃组分，但组分未知。闪蒸量的计算以甲烷计。

$$E_{闪蒸气} = \frac{(GOR \times C_{处理量} \times t \times 27.4\% \times 16)}{23.685 \times 1\,000} = \frac{0.768 \times 730 \times 8\,760 \times 27.4\% \times 16}{23.685 \times 1\,000} = 909\ \text{t}$$

### 3.9.3 泄压损耗

**案例四：某压力容器泄压损耗量计算**

已知一台压力容器的体积为 3.78 $m^3$，内装有 1.89 $m^3$ 的丙酮，溶剂温度为 26.7℃。如果容器压力从 2 570 mmHg 降至 760 mmHg，计算泄压操作过程的排放量。

解：已知 $T = 26.7℃ = \ 299.85\ \text{K}$

$P_1 = 2\,570\ \text{mmHg} = 342\,638\ \text{Pa}$（初始压力）

$P_2 = 760\ \text{mmHg} = 101\ 325\ \text{Pa}$（终端压力）

$V_1 = 1.89\ \text{m}^3$（气体空间体积）

步骤 1. 确定 26.7℃时丙酮的饱和蒸气压。

通过查阅安托因常数，可知丙酮的安托因常数：$A$ 为 7.024 47，$B$ 为 1 161，$C$ 为 224，代入安托因方程可得丙酮在 26.7℃时的饱和蒸气压为

$$P = 10^{A-\left(\frac{B}{T+C}\right)} = 247.11\ \text{mmHg} = 32\ 945\ \text{Pa}$$

步骤 2. 计算气相体积。

根据波义耳-马略特定律（简称波-马定律）。对于一定质量的、温度不变的理想气体，其压强与体积的乘积（即 $PV$）的值为常量。即公式：$P_1V_1=P_2V_2$。根据该公式计算出泄压后的气相体积为

$$V_2 = \frac{P_1V_1}{P_2} = \frac{1.893 \times 342\ 638}{101\ 325} = 6.4\ \text{m}^3$$

步骤 3. 计算排放量。

将 26.7℃时丙酮的饱和蒸气压和泄压后的气相体积代入公式：

$$E_{泄压} = \frac{P_i(V_2 - V_1) \times M}{R \times T \times 1\ 000} = \frac{32\ 945 \times (6.4 - 1.893) \times 58.08}{8.314 \times 299.85 \times 1\ 000} = 3.49\ \text{kg}$$

# 4 挥发性有机液体装载排放

## 4.1 概述

工业企业汽油、柴油、石脑油、苯等有机液体在车、船装载作业过程中，当汽车、火车和轮船（包括轮船和驳船）内的蒸气被置换时，会排放挥发性有机物，这也是主要的 VOCs 污染源之一。装载操作过程 VOCs 的排放量与物料性质、环境温度、物料周转量、装载系统、装载形式、转载方式、罐车情况以及是否设有油气回收系统有关。物料装载过程排放的 VOCs 可能含有前次装载运输的物料组分和正在装载的物料组分。

进行装载排放估算时，可采用多种估算方法，包括实测法、公式法和排放系数法。估算需要的参数有年装载量、装载物料的成分组成、各组分的蒸气压、装载方式、装载容器的类型、收集和控制系统的效率等。根据企业的实际监测及系数收集情况，选取适当的方法进行核算。

## 4.2 装载系统简介

装载系统主要包括汽车装载系统、火车装载系统、船舶装载系统以及桶装作业系统等。各装载系统又包含输送系统、真空系统、放空系统、加热系统、洗车系统、油气回收系统等子系统。输送系统的作用在于输送罐车和储罐内的物料；真空系统的作用在于填充鹤管的虹吸和收净罐车车底油；放空系统作用在于装载完成后，将管线内的物料放空，以免下次输送物料时造成混油损失或者易凝结物料在管道内凝结；洗车系统主要作用于装载物料前，对罐车进行清洗，以避免混油从而保证装载物料清洁；油气回收系统用于回收及处理物料装载过程中挥发的物料。

### 4.2.1 汽车装载

汽车装载为工业企业主要的装载方式之一，常见的汽车装载系统包含的设备为装载过程所涉及的所有罐车、管道、泵、塔、罐等，包括汽车罐车、装载鹤管、输送管、输送泵、真空泵、放空罐、加热器及油气回收装置等设备，所有设备设施应符合我国现行的《石油库设计规范》要求。汽车装载主要设备清单见表 4-1。

表 4-1 汽车装载系统主要设备清单

| 系统 | 设备 | 备注 |
|---|---|---|
| 汽车罐车 | 各种类型的汽车罐车 | — |
| 输送系统 | 装载鹤管 | 用于将油品由储罐输送至罐车 |
| | 收集管 | |
| | 输送管 | |
| | 输送泵 | |
| 真空系统 | 真空泵 | — |
| | 真空罐 | — |
| | 真空管线 | — |
| 放空系统 | 放空罐 | — |
| | 放空管线 | — |
| 加热系统 | 加热盘管 | — |
| | 蒸汽甩头 | — |
| 洗车系统 | 洗槽站台加热器 | 介质为蒸汽、空气及蒸发物料 |
| | 洗槽站台风机 | — |
| | 洗槽站台污染物料储罐 | 介质为被污染的物料 |
| 油气回收系统 | 油气回收装置吸收塔 | — |
| | 油气回收装置吸附塔 | — |
| | 油气回收循环罐 | — |
| | 油气回收活性炭罐 | — |
| | 油气回收反油罐 | — |
| | 油气回收装置循环泵 | — |
| | 油气回收装置返输泵 | — |
| | 油气回收装置真空泵 | — |

典型企业汽车装载站台如图 4-1 所示。

图 4-1 典型汽车装载站台

储罐内油品经输送泵、输送管等输送系统送至装载站台，经站台装载鹤管输送至罐车，装载结束时，放空系统将管线内的油品经放空管送至放空罐内储存。对于设有油气回收系统的轻质油品装载过程，挥发的油气经油气回收系统收集处理，装载过程的工艺流程见图 4-2。

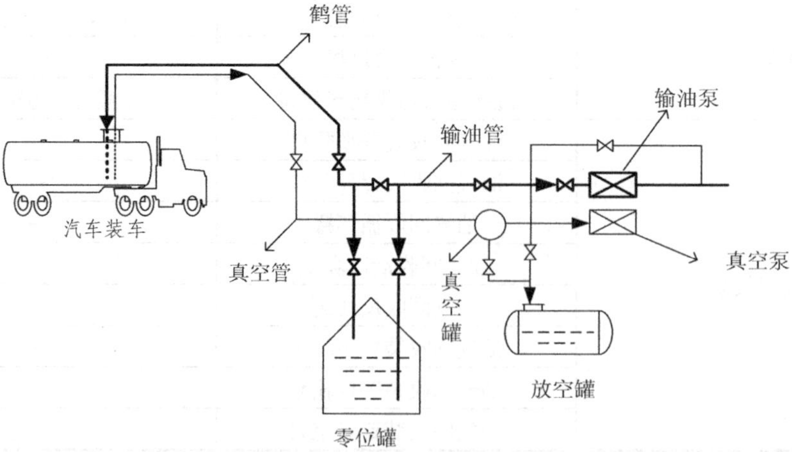


图 4-2 汽车装载系统工艺流程

从装载工艺过程的全过程出发，主要 VOCs 排放节点包括：管线、设备的动静密封点排放，各物料储罐的排放，油品装载过程的排放，罐车清洗过程的排放以及设置油气回收设施时油气回收设施的排放等。

其中加热系统为伴热输送的，加热系统可不考虑 VOCs 排放；输送系统、放空系统的动静密封点损失纳入设备与管线组件污染源泄漏排放；装载系统内所有储罐 VOCs 排放纳入挥发性有机液体储罐排放；罐车清洗过程排放中随清洗废水排放的 VOCs 纳入废水集输、储存、处理处置过程逸散；物料装载过程所置换出的 VOCs、油气回收系统排放的 VOCs 为汽车装载过程主要的 VOCs 排放节点。

### 4.2.2 火车装载

火车装载系统包含的子系统同汽车装载系统，另外还包含小爬车牵引系统。主要的装载设备与汽车装载系统类似，除了各种管线、泵、塔、罐等，还包括铁路罐车、小爬车、牵引臂等。

铁路装载系统流程可参考汽车装载系统工艺流程(见图 4-2)，火车装载站台见图 4-3。

图 4-3 某企业火车装载站台

铁路装载系统中，VOCs 排放节点与汽车装载系统基本相同，所特有的小爬车牵引系统不与物料接触，可不考虑 VOCs 排放。

### 4.2.3 船舶装载

船舶装载系统设置与汽车装载系统类似，同时部分船舶装载系统还包含气相平衡系统。船舶装载系统涉及的船舶示意图见图 4-4。船舶装载系统工艺流程见图 4-5。

在船舶装载系统中，VOCs 排放节点与汽车装载系统基本相同，其气相平衡系统中动静密封点的 VOCs 排放参考本系列图书《工业企业涉 VOCs 多点散发源及监测分析等研究与实践》第 3 章“设备与管线组件泄漏”。

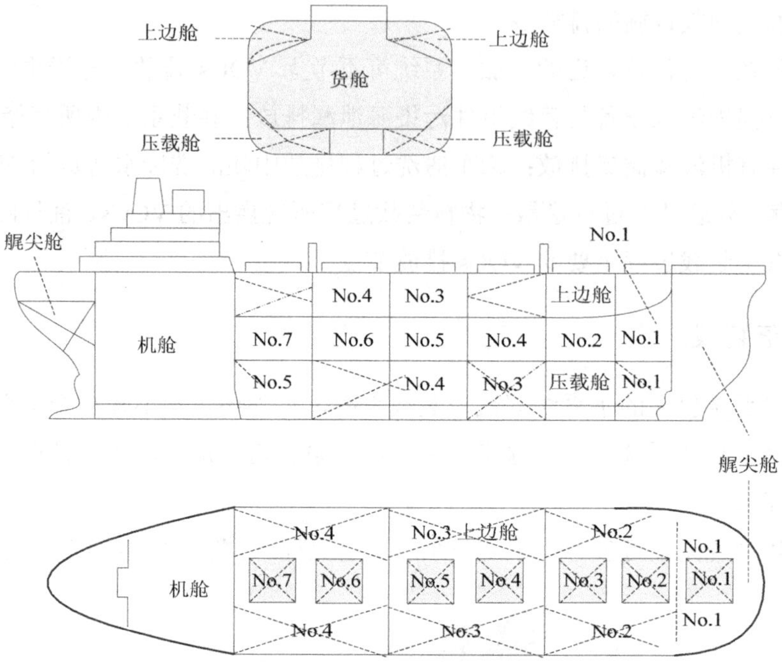


图 4-4　装载物料的船舶示意

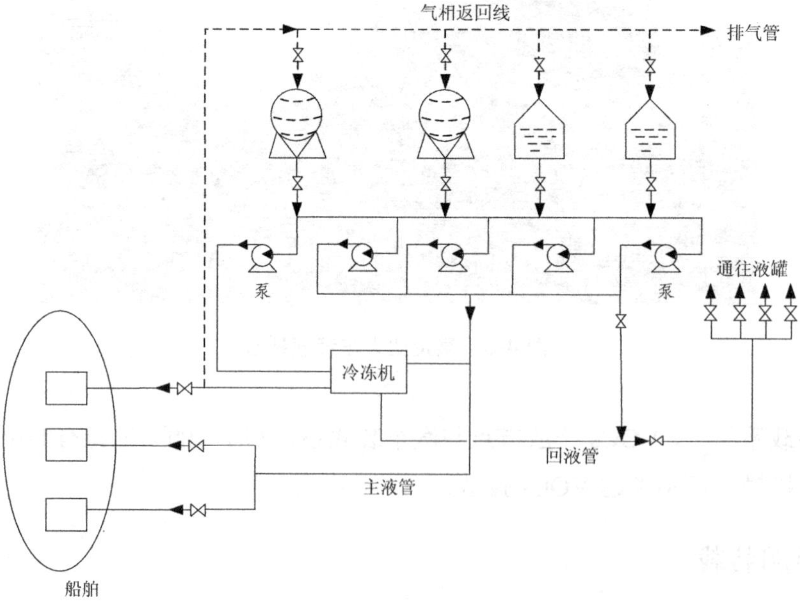


图 4-5　船舶装载系统工艺流程

## 4.2.4　加油站

炼油厂原油经石油炼制过程，获得的最终成品油运送至成品油配送站或化工厂，燃料油通过罐车从配送站配送至加油站、用户及地方仓库，最终会进入机动车的油箱。加油站是销售终端最重要的单位之一。

加油站的基本组成包括油品储存设施（如储油罐、储油槽等）、输油管线、加油机、加油枪、油气回收管线等。油品储存设施（如储油罐、储油槽等）用于储存槽车运送至加油站的油品，目前大部分加油站的储油罐为地埋式，占地面积小且安全性高。加油机是直接为机动车加油的输油计量设备，由油泵、油气分离器、计量器、计数器等四部分组成；加油枪是加油油路系统的终端设备，目前加油枪多为自封式加油枪。

加油站的基本加油流程：油罐车将油品卸油至储油罐，储油罐内油品经输油管线送至加油机，经计量后至输油终端加油枪，最后进入机动车油箱作为机动车燃料。从油罐车卸油至加油枪向机动车加油的总流程简图见图 4-6。

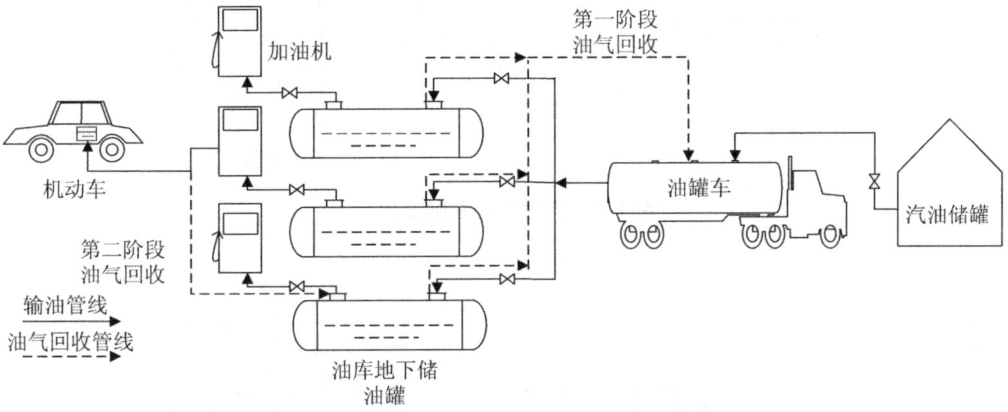


图 4-6 加油站工作流程示意

油品加油站储存燃料油的挥发性相对较大，油罐车卸油、储油罐储存油品、加油枪向机动车加油的过程中，存在油品的蒸发损耗。加油站 VOCs 排放节点包括：油罐车向加油站储油罐卸油过程中，储油罐内被置换出的物料 VOCs 排放；储油罐向机动车加油的过程中，从机动车内物料被置换所排放的 VOCs；储油罐储存油品的 VOCs 静置排放等。

储油罐 VOCs 排放量按挥发性有机液体储罐排放的核算方法进行核算，储油罐向机动车加油的过程中，从机动车内物料被置换所排放的 VOCs 量按装载污染源排放量核算方法进行核算；加油站设置油气回收设施时，应考虑油气回收设施处理的 VOCs 量。

## 4.2.5 油气回收

### 4.2.5.1 工业企业油气回收

油气回收是在装载油品和给车辆加油的过程中，将挥发的油气收集起来，通过吸收、吸附或冷凝等工艺中的一种或两种方法对油气进行吸收、处理，从而减少油气的损失，减轻对大气环境的污染。

典型工业企业油气回收设施流程见图 4-7 和图 4-8。

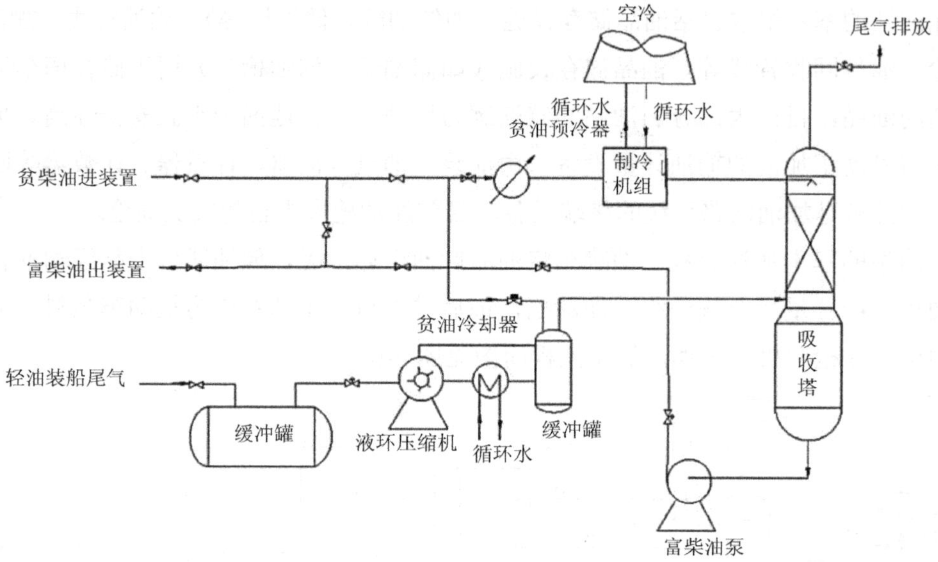


图 4-7　柴油吸收设施流程

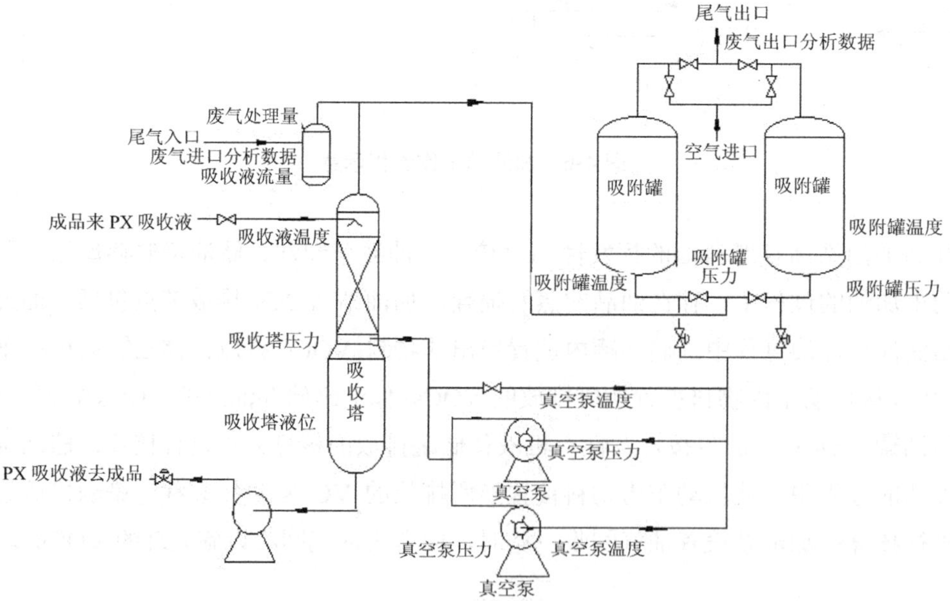


图 4-8　对二甲苯（PX）吸收-吸附设施流程

#### 4.2.5.2　加油站油气回收

加油站油气回收系统一般包括两部分，即第一阶段油气回收系统和第二阶段油气回收系统。

当油罐车向加油站储油罐卸油时，卸入的油品将油罐内的油气置换，对置换出的油气进行回收到油罐车的过程一般被称为一次油气回收；当加油枪向机动车加油时，加入的油品将机动车油箱内的油气置换，对置换出的油气进行回收到储油罐的过程一般被称为二次油气回收。加油站一次油气回收和二次油气回收见图 4-6 中的虚线部分所示。

## 4.3　排查工作流程

挥发性有机液体装载过程 VOCs 污染源排查工作流程包括资料收集、源项解析、统计核算、格式报表四部分，具体工作流程见图 4-9。

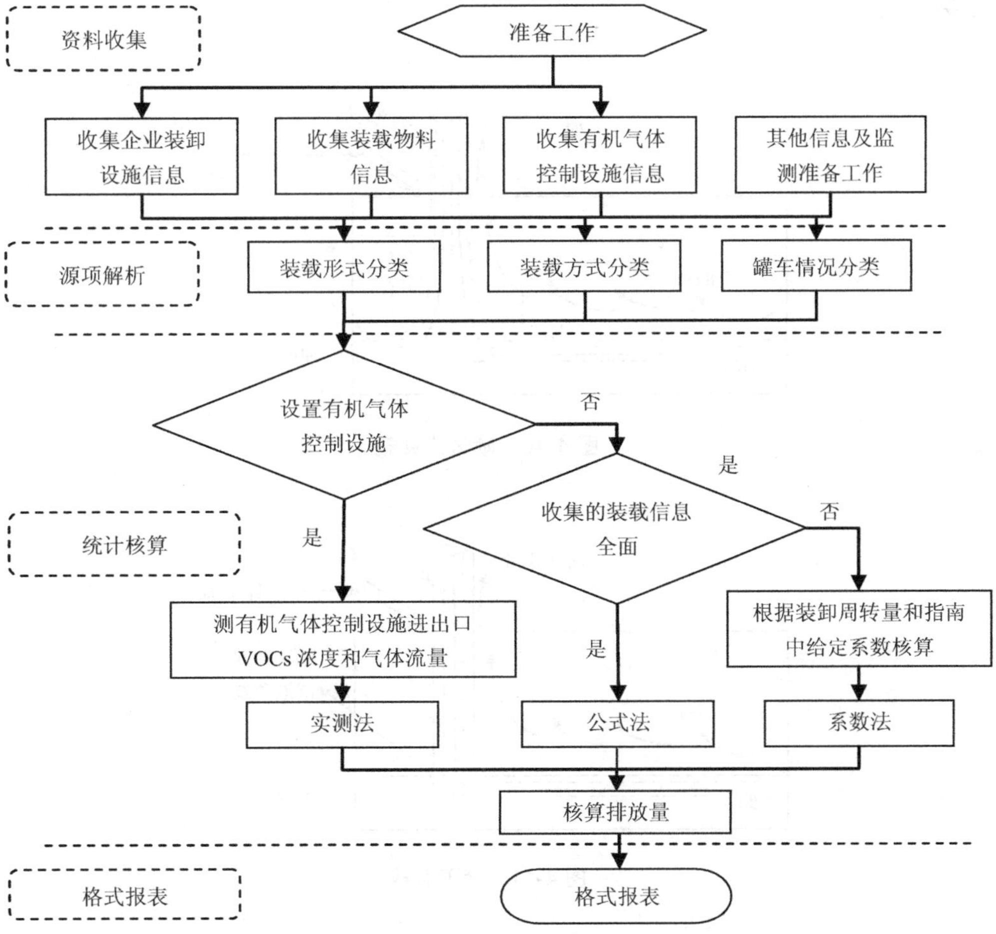


图 4-9　装载过程 VOCs 污染源排查工作流程

## 4.4 源项解析

### 4.4.1 装载形式

目前，挥发性有机液体装载形式主要分为汽车装载、火车装载和船舶装载，船舶装载与汽车和火车装载不同，其 VOCs 排放量核算公式及相关系数的取值不同。

### 4.4.2 装载方式

按照装载方式进行分类，分为喷溅式装载、液下装载和底部装载（见图 4-10 至图 4-12），需采用不同的饱和因子和排放因子。目前，国内为加强 VOCs 管控，已淘汰喷溅式装载方式。

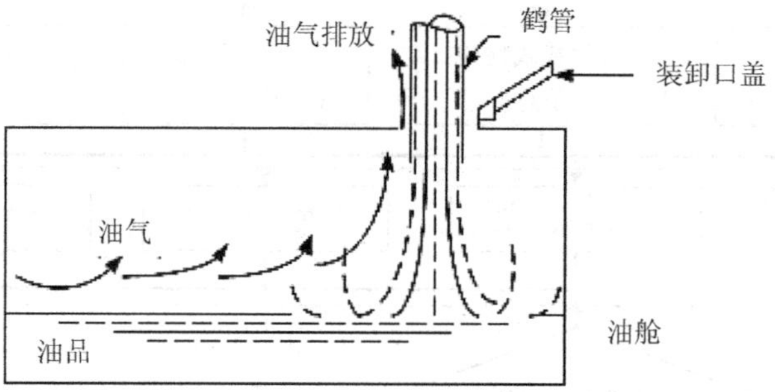


图 4-10 喷溅式装载

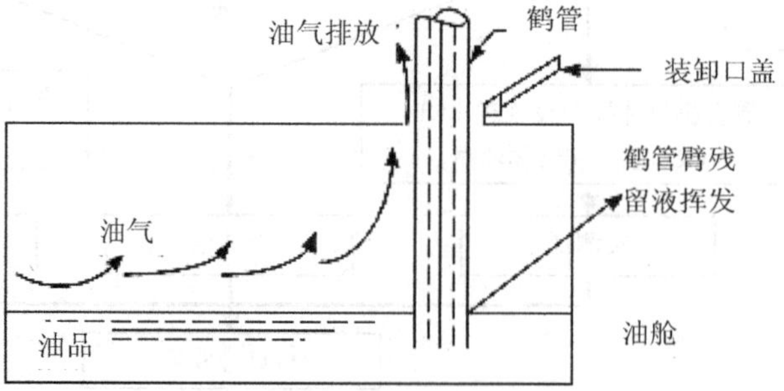


图 4-11 液下装载

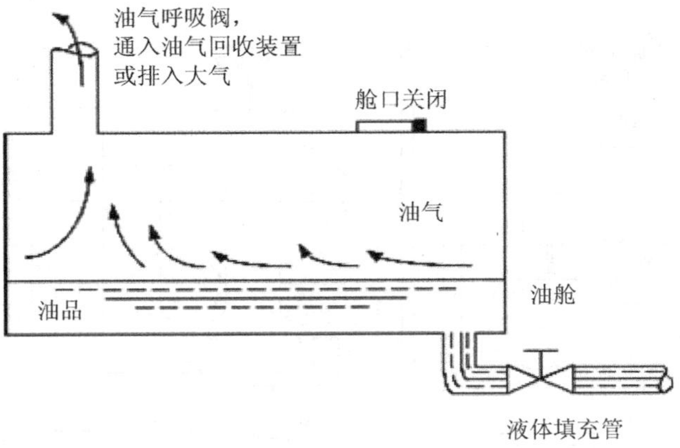


图 4-12 底部装载

不同的装载方式，选取的饱和因子和排放因子不同。例如，相较于液下装载和底部装载，喷溅式装载 VOCs 损失量更大，不仅包含挥发损失，还包含喷溅液滴损失，导致排放因子较大。

### 4.4.3 罐车情况

罐车形式可分为新罐车或清洗后的罐车、正常工况（普通）的罐车（其他形式的罐车），罐车的形式不同，核算时采用的饱和因子和排放因子也不同。这是因为物料装载过程被置换的蒸气包含本次装载物料组分，也可能同时包含前次装载运输的物料组分。例如，对于公路和铁路运输，通过底部或液下装载时，对于新罐车或清洗后的罐车而言，装载前罐车内无挥发油气，装载过程置换的蒸气为本次装载物料组分，不包含上次装载物料；对未清洗的罐车，装载前罐车内已有部分挥发油气（甚至已达到气液相平衡状态），装载过程置换的蒸气既包含上次装载的物料组分，又包含本次装载物料组分。

### 4.4.4 油气回收设施

工业企业油气回收设施包括油气收集系统和油气处理系统。油气收集系统指罐车内挥发的物料经气相回收管线进行收集的系统；油气处理系统指对收集系统收集的挥发物料进行处理的系统，主要包括热焚烧炉、吸附系统、吸收系统等。收集系统、处理系统如图 4-13 所示。

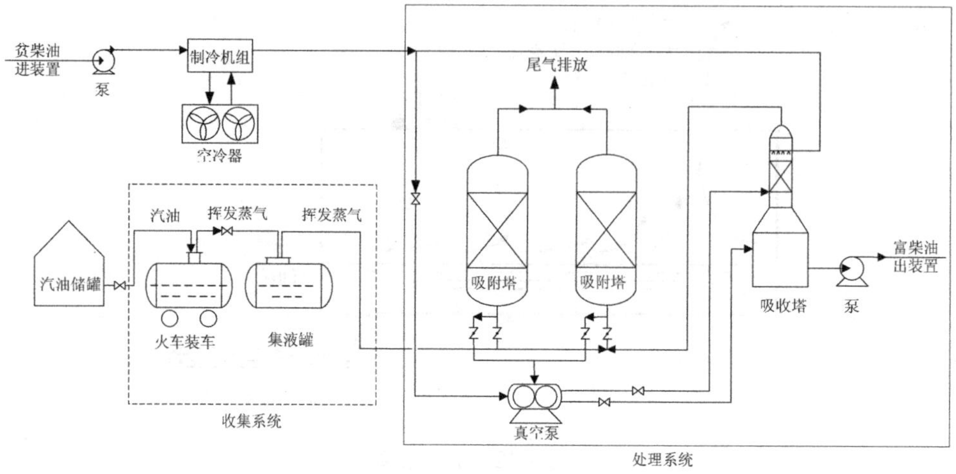


图 4-13 油气回收设施各系统示意

对于油气收集系统，核算 VOCs 的排放量时需考虑收集效率，收集效率的大小取决于管线与罐车接口的密封形式、气相收集管线的管径及密封性、真空系统的真空度等。管线与罐车接口的密封形式包括密封式快速接头、平衡式密封罩、橡胶密封帽等，其中密封式快速接头的密闭性最好，建议企业采用密闭式快速接头以便提高油气收集系统的收集效率。收集效率为进入油气处理系统的 VOCs 量与 VOCs 理论挥发量的比值。

对于油气处理系统，核算 VOCs 的排放量时需考虑处理效率，处理效率主要取决于处理系统所采用的处理工艺，本着资源化优先的原则，建议企业首先考虑对收集的挥发物料采用吸收法或吸附法进行回收再利用，无法回收时考虑采用焚烧等处理方法处理。处理效率为经油气处理系统去除的 VOCs 量与进入油气处理系统 VOCs 量的比值。

对于油气回收设施而言，存在设施故障或维修无法正常运行的情形，核算 VOCs 的排放量时还需考虑油气回收设施投用率，即油气回收设施每年正常运行时间与伴随油气装载过程理论运行时间的比值。因此，核算油气回收设施的装载过程 VOCs 的损耗量时需综合考虑油气收集系统的收集效率、油气处理系统的处理效率以及油气回收设施的投用率，即油气回收设施总控制效率。

## 4.5 现场检查

### 4.5.1 资料收集

挥发性有机液体装载 VOCs 污染源排查收集的技术资料主要包括企业装载设施、装载物料、油气回收设施等相关信息。

①企业装载设施基本信息。排查过程需填写企业装载设施基本信息情况。

②实测法收集资料。对于装载过程设置油气回收设施并有监测资料或可以进行实际监测时，推荐使用实测法进行核算。

③公式法收集资料。对于未设置油气回收设施的装载过程，按照核算方法的优先顺序，推荐使用公式法进行核算。

④系数法收集资料。对于企业收集的相关资料不全，无法采用实测法或公式法进行核算时，使用系数法进行核算。

## 4.5.2 现场监测

对于设置油气回收设施的装载设施，企业在进行实际监测时，需要监测的内容包括：油气回收设施进口、出口 VOCs 浓度，油气回收设施进口、出口气体流量，装载物料温度等必测内容；罐车装载前罐内 VOCs 浓度、实际装载温度、装载物料的真实蒸气压、装载物料气相分子量、装载物料密度等选测内容。监测方法可参考 3.5.2 节中现场监测的相关方法。

## 4.5.3 统计核算

有机液体装载过程中 VOCs 无组织排放的定量估算方法包括实测法、公式法和系数法。

### 4.5.3.1 实测法

根据实际收集或监测数据进行核算，核算原理基于物料平衡，即物料装载过程 VOCs 挥发量为理论挥发量与实际回收量/处理量的差值。

实际监测数据选取有代表性工况下的监测结果，通常为每月 1 次，取所有有效监测数据的平均值进行核算。

### 4.5.3.2 公式法

采用 USEPA 发布的污染物排放因子文件（AP-42）中的公式法估算。

### 4.5.3.3 系数法

若公式法计算缺少必要参数时，装载损耗排放因子采用给定的排放系数进行 VOCs 排放量的估算，核算排放量时，将选用相关标准的上限值和理论计算值估算 VOCs 的排放量，此种算法可能会高估排放量结果。

## 4.6 推荐估算方法

### 4.6.1 实测法

根据实际收集或监测数据进行核算，核算原理基于物料平衡，综合考虑装载过程物料挥发量及油气回收设施收集、处理到排放的全过程 VOCs 损耗，损耗量计算结果为装载过程物料挥发量（暂认定为理论挥发量）与实际回收量/处理量的差值。即

$$E_{装载}=Q_0-Q_1+Q_2 \tag{4-1}$$

式中：$E_{装载}$ —— 装载过程 VOCs 排放量，t/a；

$Q_0$ —— 装载物料的 VOCs 理论挥发量，t/a；

$Q_1$ —— 进入有机气体控制设施的 VOCs 量，t/a；

$Q_2$ —— 从有机气体控制设施出口排入大气的 VOCs 量，t/a。

装载过程理论挥发量计算原理基于理想气体状态方程，将装载过程挥发物料看作理想气体，认为装载过程罐车内气相、液相达到气液平衡，计算饱和气体浓度，装载过程置换蒸气体积为装载物料体积，装载过程理论挥发量计算公式为

$$Q_0=V\times C_0\times 10^{-3} \tag{4-2}$$

$$C_0=\frac{P_T M}{RT} \tag{4-3}$$

式中：$C_0$ —— 装载罐车气相、液相处于平衡状态，将挥发物料看作理想气体下的物料密度，kg/m$^3$；

$V$ —— 物料年周转量，m$^3$/a；

$T$ —— 实际装载温度，℃；

$P_T$ —— 温度 $T$ 时装载物料的真实蒸气压，Pa；

$M$ —— 油气的摩尔质量，g/mol；

$R$ —— 理想气体状态常数，8.314 Pa·m$^3$/（mol·K）。

本书中未考虑装载罐车情况对理论挥发量的影响，今后，在掌握罐车装载前罐内 VOCs 浓度与理论挥发量的大量基础资料及两者关系的基础上，可对其进行进一步修正。

根据油气处理系统进出口浓度、气量的实际监测结果，以及油气回收设施的投用时间，进入油气处理系统物料量及油气处理系统排放物料量核算公式如下：

$$Q_1=V_1\times C_1\times t_{投用}\times 10^{-9} \tag{4-4}$$

$$Q_2=V_2\times C_2\times t_{投用}\times 10^{-9} \tag{4-5}$$

式中：$C_1$ —— 有机气体控制设施进口 VOCs 浓度，$mg/m^3$；

$C_2$ —— 有机气体控制设施出口 VOCs 浓度，$mg/m^3$；

$V_1$ —— 有机气体控制设施进口气体流量，$m^3/h$，如果不进行监测，可认为入口流量等于出口流量；

$V_2$ —— 有机气体控制设施出口气体流量，$m^3/h$；

$t_{投用}$ —— 有机气体控制设施实际年投用时间，h。

若无法监测有机气体控制设施进口、出口浓度时，对于挥发油气进行回收再利用的回收设施，可以采用收集的物料量表示经油气处理系统处理掉的物料量（即 $Q_1-Q_2$）。

### 4.6.2 公式法

采用 USEPA 发布的污染物排放因子文件（AP-42）中的公式法估算：

$$E_{装载}=\frac{L_L \times V}{1\ 000}\times\left(1-\eta_{总}\right) \tag{4-6}$$

$$\eta_{总}=\eta_{收集}\times\eta_{处理}\times\eta_{投用} \tag{4-7}$$

$$\eta_{收集}=Q_1\div Q_0 \tag{4-8}$$

$$\eta_{处理}=\left(Q_1-Q_2\right)\div Q_1 \tag{4-9}$$

$$\eta_{投用}=t_{投用}\div t_{理论} \tag{4-10}$$

式中：$L_L$ —— 装载损耗排放因子，$kg/m^3$；

$\eta_{总}$ —— 总控制效率，%；

$\eta_{收集}$ —— 收集效率，%；

$\eta_{处理}$ —— 处理效率，%；

$\eta_{投用}$ —— 投用效率，%；

$t_{投用}$ —— 油气回收设施实际年投用时间，h；

$t_{理论}$ —— 伴随油气装载过程理论运行时间，h。

当装载系统未设蒸气平衡/处理系统时，则总控制效率 $\eta_{总}$ 取 0。当真空装载（保持真空度小于−0.37 kPa），或罐车与油气收集系统法兰连接、硬管螺栓连接时，则总控制效率 $\eta_{总}$ 取 100%。

$$L_L=C_0\times S \tag{4-11}$$

式中：$S$ —— 饱和因子，代表排出的挥发物料接近饱和的程度，装载有机液体时饱和因子的选取见表 4-2 和表 4-3，装载压舱水时饱和因子的选取见表 4-4；

$C_0$ —— 装载罐车气相、液相处于平衡状态，将挥发物料看作理想气体下的物料密度，$kg/m^3$，见式（4-3）。

表 4-2 公路、铁路装载损耗计算中饱和因子

| 操作方式 | | 饱和因子 $S$ |
|---|---|---|
| 底部/液下装载 | 新罐车或清洗后的罐车 | 0.5 |
| | 正常工况（普通）的罐车 | 0.6 |
| | 上次卸车采用油气平衡装置 | 1.0 |
| 喷溅式装载 | 新罐车或清洗后的罐车 | 1.45 |
| | 正常工况（普通）的罐车 | 1.45 |
| | 上次卸车采用油气平衡装置 | 1.0 |

表 4-3 船舶装载有机液体时饱和因子

| 船舶类型 | 上次装载物 | 本次装载前舱体情况 | 装载汽油 | 装载原油 | 其他油品 |
|---|---|---|---|---|---|
| 油轮/远洋驳船[a] | 挥发性 | 未清洗 | 0.2 | 0.2 | 0.2 |
| 油轮/远洋驳船 | 挥发性 | 装有压舱物 | 0.15 | 0.15 | — |
| 油轮/远洋驳船 | 挥发性 | 清洗后 | 0.1 | 0.1 | — |
| 油轮/远洋驳船 | 挥发性 | 无油品蒸气 | 0.1 | 0.1 | — |
| 油轮/远洋驳船 | 不挥发 | 以上任何状态 | 0.1 | 0.1 | — |
| 潜吃水驳船[b] | 挥发性 | 未清洗 | 0.3 | 0.3 | 0.5 |
| 潜吃水驳船 | 挥发性 | 清洗后、无油品蒸气 | 0.15 | — | — |
| 潜吃水驳船 | 不挥发 | 以上任何状况 | 0.15 | — | — |

注：a 船舱深度 12.2 m。
b 船舱深度 3.0～3.7 m。

表 4-4 压舱水装载时的饱和因子

| 船舶类型 | 上次装载物 | 上次靠岸卸油的状态 | 饱和因子 $S$ |
|---|---|---|---|
| 油轮/远洋驳船 | 原油 | 全部卸油 | 0.2 |
| 油轮/远洋驳船 | 原油 | 少量卸油 | 0.35 |

## 4.6.3 系数法

若公式计算缺少必要参数，则装载损耗排放因子可参考第二次全国污染源普查制定的有机液体装载产排污系数，也可参考排放系数进行 VOCs 排放量的估算。

### 4.6.3.1 公路及铁路装载

综合考虑我国油品性质，主要包括油品蒸气压、油品密度、油气分子量的差别，基于物料平衡和理想气体状态方程，本书对排放系数进行了本土化核算，其相关影响参数油品蒸气压、油品密度、油气分子量等选取物料质量标准、设计文件及企业上报数据中的最大值进行核算。表 4-5 给出了典型的公路及铁路装载特定情况下装载损耗排放因子取值。

表 4-5 铁路和公路装载损耗排放因子

单位：kg/m$^3$

| 装载物料 | 底部/液下装载 | | 喷溅装载 | |
|---|---|---|---|---|
| | 新罐车或清洗后的罐车 | 正常工况（普通）的罐车 | 新罐车或清洗后的罐车 | 正常工况（普通）的罐车 |
| 汽油 | 0.812 | 1.624 | 2.355 | 1.624 |
| 煤油 | 0.518 | 1.036 | 1.503 | 1.036 |
| 柴油 | 0.076 | 0.152 | 0.220 | 0.152 |
| 轻石脑油 | 1.137 | 2.275 | 3.298 | 2.275 |
| 重石脑油 | 0.426 | 0.851 | 1.234 | 0.851 |
| 原油 | 0.276 | 0.552 | 0.800 | 0.552 |
| 轻污油 | 0.559 | 1.118 | 1.621 | 1.118 |
| 重污油 | 0.362 | 0.724 | 1.049 | 0.724 |

注：基于设计或标准中雷德蒸气压最大值核算，装载温度取 25℃。

#### 4.6.3.2 船舶装载

采用 USEPA 发布的污染物排放因子文件（AP-42）中的数据。表 4-6 给出了水运装载的最大装载损耗排放因子。

表 4-6 水运装载损耗排放因子 [a]

单位：kg/m$^3$

| 排放源 | 汽油 [b] | 原油 | 航空油（JP4） | 航空煤油（普通） | 燃料油（柴油） | 渣油 |
|---|---|---|---|---|---|---|
| 远洋驳船 | 见表 4-5 | 0.073 | 0.060 | 0.000 63 | 0.000 55 | 0.000 004 |
| 驳船 | 见表 4-5 | 0.12 | 0.15 | 0.001 6 | 0.001 4 | 0.000 011 |

注：a 排放因子基于 16℃油品获取，表中汽油数据采集对象雷德蒸气压为 69 kPa。原油数据采集对象雷德蒸气压 34 kPa。

b 汽油损耗排放因子从表 4-5 中选取。

## 4.7 报告格式

企业排查工作完成后，需形成排查报告（见表 4-7）。

表 4-7 装载 VOCs 污染源排查报告

| 排查项目 | 企业挥发性有机液体装载 VOCs 污染源排查 |
| --- | --- |
| 排查单位 | ××公司 |
| 监测实施单位 | ××公司 |
| 报告编制单位 | ××公司 |
| 排查时间 | ××××年××月××日 |
| 监测时间 | ××××年××月××日 |
| 装车设施基本情况 | 包括装载形式（汽车、火车、船舶）、装载方式（液下装载、底部装载、喷溅式装载）、装车鹤位、装载物料、年装载量、密封形式（密封式快速接头、平衡式密封罩、橡胶密封帽及其他形式）、油气回收设施（套数、规模、工艺、效率）等 |
| 装车设施检查结果分析 | 从装载方式、密封形式、油气回收设施、企业日常维修、监测、管理及相关记录等方面，分析企业装车设施的现状情况和控制、管理水平 |
| 装载过程 VOCs 排放估算结果及评估 | 根据装载 VOCs 污染源排查工作指南，××公司对企业装载设施进行 VOCs 污染源排查工作。<br>本企业主要采用××的装载形式进行物料运输，共设有××个装车鹤位，主要装载物料包括××，××××年的装载量分别为$××\times10^4$ t，针对装载过程共设置××套油气回收设施。<br>设置油气回收设施时，首先核算油气回收设施效率为××%（收集效率、处理效率、投用效率、总效率）；然后依据《石化行业 VOCs 污染源排查工作指南》估算本企业××年度装载过程 VOCs 排放量为××t |
| 装载过程 VOCs 损耗量削减潜力分析 | 达标性分析： 达标□ 不达标□，削减潜力：××t/a<br>国内平均水平：已满足□ 未满足□，削减潜力：××t/a<br>国内先进水平：已满足□ 未满足□，削减潜力：××t/a |
| 备注 | 其他需要说明的排查结果 |

## 4.8 管理要求与建议

### 4.8.1 装载方式

目前，国内涉及有机液体装载管控要求的国家标准主要有《石油炼制工业污染物排放标准》《挥发性有机物无组织排放控制标准》《石油化学工业污染物排放标准》等。

①《石油炼制工业污染物排放标准》。

装车、船应采用顶部浸没式或底部装载方式，顶部浸没式装载出油口距离罐底高度应小于 200 mm。

②《挥发性有机物无组织排放控制标准》。

挥发性有机液体应采用底部装载方式；若采用顶部浸没式装载，出料口距离槽（罐）底高度应小于 200 mm。

## 4.8.2 装载控制要求

目前，国内涉及有机液体装载管控要求的国家标准主要有《石油炼制工业污染物排放标准》《挥发性有机物无组织排放控制标准》《石油化学工业污染物排放标准》等。

①《石油炼制工业污染物排放标准》。

油品装卸栈桥对铁路罐车进行装油，发油台对汽车罐车进行装油，油品装卸码头对油船（驳）进行装油的原油及成品油（汽油、煤油、喷气燃料、化工轻油、有机化学品）设施，应密闭装油并设置油气收集、回收或处理装置，其大气污染物排放应符合标准中表 3、表 4 的规定。

底部装油结束并断开快接头时，油品滴洒量不应超过 10 mL，滴洒量取连续 3 次断开操作的平均值。

②《挥发性有机物无组织排放控制标准》。

装载物料真实蒸气压≥27.6 kPa 且单一装载设施的年装载量≥500 $m^3$ 的（重点区域还包括装载物料真实蒸气压≥5.2 kPa 但＜27.6 kPa 且单一装载设施的年装载量≥2 500 $m^3$ 的），装载过程应符合下列规定之一：

a. 排放的废气应收集处理并满足相关行业排放标准的要求（无行业排放标准的应满足 GB 16297—2017 的要求），或者处理效率不低于 80%（重点区域不低于 90%）；

b. 排放的废气连接至气相平衡系统。

## 4.8.3 与标准政策符合性分析

### 4.8.3.1 与标准符合性分析

与现行标准符合性分析，如石化行业可参考表 4-8。

表 4-8 有机液体装载标准规范符合性分析

| 序号 | 标准要求 | 企业情况 | 是否符合 |
| --- | --- | --- | --- |
| 1 | 油品装卸栈桥对铁路罐车进行装油，发油台对汽车罐车进行装油，油品装卸码头对油船（驳）进行装油的原油及成品油（汽油、煤油、喷气燃料、化工轻油、有机化学品）设施，应密闭装油并设置油气收集、回收或处理装置，其大气污染物排放应符合《石油炼制工业污染物排放标准》表 3、表 4 的规定 | | |
| 2 | 装车、船应采用顶部浸没式或底部装载方式，顶部浸没式装载出油口距离罐底高度应小于 200 mm | | |
| 3 | 底部装油结束并断开快接头时，油品滴洒量不应超过 10 mL，滴洒量取连续 3 次断开操作的平均值 | | |

#### 4.8.3.2 与政策符合性分析

与现行政策符合性分析，可参考表 4-9。

表 4-9 有机液体装载政策文件要求符合性分析

| 序号 | 政策来源 | 政策要求 | 企业情况 | 是否符合 |
| --- | --- | --- | --- | --- |
| 1 | 《重点行业挥发性有机物综合治理方案》 | 重点区域推广油罐车底部装载方式，运输相关产品应采用具备油气回收接口的车船 | | |
| 2 | 《重点行业挥发性有机物综合治理方案》 | 加强油罐车油气回收系统密闭性和油气回收气动阀门密闭性检测，每年至少开展一次 | | |
| 3 | 《2020 年挥发性有机物治理攻坚方案》 | 运输汽油的油罐汽车应具备底部装卸油系统和油气回收系统，装油时能够将汽车油罐内排出的油气密闭输入储油库回收系统，往返运输过程中能够保证汽油和油气不泄漏，卸油时能够将产生的油气回收到汽车的油罐内，除必要应急维修外，不应因操作、维修和管理等方面的原因发生油气泄漏 | | |
| 4 | 《关于加快解决当前挥发性有机物治理突出问题的通知》 | 对于装载汽油（包括含醇汽油、航空汽油）、航空煤油、原油、石脑油及苯、甲苯、二甲苯的汽车罐车应采用底部装载或顶部浸没式装载方式，推广采用自封式快速接头等；铁路罐车推广使用锁紧式接头等 | | |
| 5 | 《2020 年挥发性有机物治理攻坚方案》 | 运输汽油的铁路罐车要采取相应措施，减少装油、卸油和运输过程的油气排放 | | |
| 6 | 《“十三五”挥发性有机物污染防治工作方案》 | 新建的原油、汽油、石脑油等装船作业码头应全部安装油气回收设施；已建原油成品油装船码头分区域分阶段实施油气回收系统改造，环渤海、长三角、珠三角等区域率先实施。新造油船逐步具备码头油气回收条件，2020 年 1 月 1 日起建造的 150 总吨以上的油船应具备码头油气回收条件，环渤海、长三角、珠三角等区域油船率先具备油气回收条件 | | |
| 7 | 《重点行业挥发性有机物综合治理方案》 | 推进船舶装卸采用油气回收系统 | | |
| 8 | 《重点行业挥发性有机物综合治理方案》 | 储罐和有机液体装卸采取末端治理措施的，要确保稳定运行 | | |
| 9 | 《关于加快解决当前挥发性有机物治理突出问题的通知》 | 废气处理设施吸附剂应及时再生或更换，冷凝温度以及系统压力、气体流量、装载量等相关参数应满足设计要求；装载作业排气经过吸收、吸附、冷凝、膜分离及其组合工艺回收处理后不能稳定达标的，应进一步优化治理设施或实施深度治理 | | |

| 序号 | 政策来源 | 政策要求 | 企业情况 | 是否符合 |
| --- | --- | --- | --- | --- |
| 10 | 《关于加快解决当前挥发性有机物治理突出问题的通知》 | 万吨级以上具备发油功能的码头加快建设油气回收设施，8 000 t 及以上油船加快建设密闭油气收集系统和惰性气体系统 | | |
| 11 | 《关于加快解决当前挥发性有机物治理突出问题的通知》 | 开展铁路罐车油罐清洗、扫仓过程 VOCs 收集治理，鼓励开展铁路罐车、汽车罐车及船舶油舱的清洗、压舱过程废气收集治理 | | |

## 4.8.4 工作建议

### 4.8.4.1 操作方式

挥发性有机液体装卸应采取全密闭装卸方式，严禁喷溅式装载，应采用底部装卸或液下装卸的方式。

底部装载时，将鹤管伸入槽车装油口，直到槽车底部（距罐底不超过 200 mm），开启装油阀门，由装油开始直至装油管头全部浸入液体之前，装油管线内的油流速应控制在 1 m/s 以下，浸没后可提高流速。当油槽车内快满时，应将阀门关小，油装满后即可关阀，但关阀不得过猛。装卸完毕，达到规定的静止时间后（一般为 2 min 以上）拔出鹤管，套上接油盒，防止洒油，保持台面整洁。

底部装油和油气输送接口应采用 DN100 mm 的密封式快速接头，底部装油结束并断开快接头时，汽油泄漏量不应超过 10 mL。

### 4.8.4.2 收集、处理措施

铁路油品装卸栈桥对铁路油罐车进行装油，发油台对汽车油罐车进行装油，油品装卸码头对油船（驳）装油的原油及成品油（如汽油、煤油、喷气燃料、化工轻油、有机化学品）设施，应密闭装油并设置油气收集、回收或处理装置，油气回收设施宜优先采用冷凝、吸附、吸收、膜分离等回收技术。

### 4.8.4.3 管理要求

每次装车过程中，检查各旋转接头是否泄漏（泄漏标准执行《挥发性有机物无组织排放控制标准》或相关行业标准），如有泄漏及时更换密封圈。每月检查一次紧固是否松动，如有松动，应及时紧固。每半年对鹤管臂外观进行检查，对表面生锈或油漆有损伤地方进行修补。每半年检查螺栓是否有磨损，当磨损超过 1/5 时，需进行更换。每半年对弹簧缸杆抹一次润滑油。

油气回收处理装置的油气排放浓度应小于或等于 25 g/m$^3$，处理效率应不小于 95%，每年至少检测 1 次；对油气密闭收集系统任何泄漏点排放的油气体积分数不应超过 0.05%，每年至少检测 1 次。

## 4.9 估算方法案例

**案例一：实测法计算铁路装载汽油过程 VOCs 排放量**

某项目生产的汽油每年通过火车运出 40 万 t，采用普通液下装载方式，罐车为正常工况（普通）的罐车，经检测汽油密度 730 kg/m$^3$，蒸气密度 558.75 kg/m$^3$，装载温度 25°C，装载温度下的蒸气压 32.9 kPa，蒸气分子量 66 g/mol，油气回收设施进出口浓度分别为 840 g/m$^3$、0.2 g/m$^3$，出口气体流量为 80 m$^3$/h，油气回收设施年投用时间为 4 000 h，估算装载过程中 VOCs 排放量。

解：装载过程 VOCs 排放量计算如下

$$E_{装载}=Q_0-Q_1+Q_2$$

$$Q_0=V\times C_0\times 10^{-3}$$

$$=\frac{4\times 10^5}{730}\times\frac{32.9\times 66}{8.314\times(25+273.15)}=479.99\ \text{t/a}$$

$$Q_1=V_1\times C_1\times t_{投用}\times 10^{-9}$$

$$=80\times 840\,000\times 4\,000\times 10^{-9}=268.8\ \text{t/a}$$

$$Q_2=V_2\times C_2\times t_{投用}\times 10^{-9}$$

$$=80\times 200\times 4\,000\times 10^{-9}=0.064\ \text{t/a}$$

装载过程 VOCs 年排放量：

$$E_{装载}=479.99-268.8+0.064=210.254\ \text{t/a}$$

**案例二：公式法计算铁路装载汽油过程 VOCs 排放量**

某项目生产的汽油每年通过火车运出 40 万 t，采用普通液下装载方式，罐车为正常工况（普通）的罐车，汽油密度 730 kg/m$^3$，蒸气压 40 kPa，蒸气摩尔质量 68 g/mol，平均装载温度 25℃，油气回收的总效率为 50%，估算装载过程中 VOCs 排放量。

解：装载过程 VOCs 排放量计算如下

$$E_{装载}=\frac{L_L\times V}{1000}\times(1-\eta_{总})$$

$$L_L=\frac{P_T SM}{R(T+273.15)}$$

$$= \frac{59\,300 \times 1.0 \times 68}{8.314 \times (25 + 273.15)} = 1.09\ \text{kg/m}^3$$

装载过程 VOCs 年排放量：

$$E_{装载} = \frac{L_L \times V}{1\,000} \times (1 - \eta_{总}) = \frac{1.09 \times 4 \times 10^8 \div 730}{1\,000} \times (1 - 50\%)$$

$$= 298.63\ \text{t/a}$$

### 案例三：系数法计算铁路装载汽油过程 VOCs 排放量

某项目生产的汽油每年通过火车运出 40 万 t，汽油密度 730 kg/m$^3$，采用普通液下装载方式，罐车为正常工况（普通）的罐车，油气回收的总效率为 50%，估算装载过程中 VOCs 排放量。

解：采用排放系数法估算火车装载汽油过程 VOCs 排放量计算如下

$$E_{装载} = \frac{L_L \times V}{1\,000} \times (1 - \eta_{总})$$

$$= 0.001 \times \frac{400\,000}{0.73} \times 1.624 \times (1 - 50\%) = 444.93\ \text{t/a}$$

# 5 洗车过程排放

## 5.1 概述

装有汽油、柴油、石脑油、苯等有机液体的车、船在洗车作业过程中，残留在汽车、火车和轮船内的有机液体在洗车过程中会排放挥发性有机物。在洗车操作过程中 VOCs 的排放量与物料性质、洗车方式、环境温度等有关。

进行洗车排放量估算时，可采用多种估算方法，包括实测法、物料衡算法和排放系数法。估算需要的参数有装载物料的成分组成、各组分的蒸气压、装载容器的类型及温度等。根据企业的实际监测及参数收集情况，选取适当的方法进行核算。

## 5.2 洗车过程介绍

根据洗车形式的不同，洗车方式可分为干洗法、湿洗法、蒸气洗法和化学洗法 4 种方法；根据清洗要求的不同，洗车方式分为普洗和特洗两种方法。其中，比较先进的蒸汽洗车法又分为敞口蒸汽洗车和密闭蒸汽洗车两种。

洗车站台如图 5-1 所示。

图 5-1　洗车站台

### 5.2.1 干洗法

干洗法是指采用锯末、抹布等对罐车进行的擦洗。流程一般为：首先，扫除罐内存油；其次，通风置换罐内油气，测定油气浓度直到安全状态，人员进罐打扫油污、水及其他沉淀物；最后，采用锯末干洗并用抹布等擦净直至达到清洗质量要求。

### 5.2.2 湿洗法

湿洗法是指用水清洗罐车。流程一般为：首先，扫除罐内存油；其次，通风置换罐内油气，测定油气浓度直到安全状态，人员进罐打扫油污、水及其他沉淀物，或者采用抽油胶管自动抽油；再次，采用高压水冲刷罐内油污和浮锈，排出冲刷污水；最后，用拖布擦净或热风干燥直至达到清洗质量要求。

### 5.2.3 蒸汽洗法

蒸汽洗法是指采用蒸汽对罐车进行清洗，分为敞口蒸汽洗车和密闭蒸汽洗车两种。

敞口蒸汽洗车（见图 5-2）：首先，扫除罐内存油；其次，通风置换罐内油气，测定油气浓度直到安全状态，人员进罐打扫油污、水及其他沉淀物，或者采用抽油胶管自动抽油；再次，将蒸车鹤管和真空抽吸管插入车罐内，打开蒸汽阀门对罐车内部加热蒸洗，同时对蒸汽冷凝水进行抽吸；最后，采用热风烘干直至达到洗车质量要求。

图 5-2 铁路罐车敞口蒸汽洗车

密闭蒸汽洗车（见图 5-3）：指采用密闭盖等密封设施将槽罐口封住，在保证罐内压力符合设备安全要求的条件下，通入蒸汽洗涤，蒸汽在罐内尽量充分利用，提高蒸汽热能使用率，并利用自身正压状态，将冷凝的废水自动排出罐外，蒸洗结束后通入热风烘干，完成洗车过程。

图 5-3　密闭蒸汽洗车

### 5.2.4 化学洗法

化学洗法是指采用特定的清洗剂对罐车进行清洗的过程。

### 5.2.5 普洗

普通刷洗即普洗，指用锯末、水或蒸汽洗车，清除残存油，对罐壁、罐底明显油泥、油污进行一般刷洗。要求达到无明水油底、油泥及其他杂质。

### 5.2.6 特洗

特别刷洗即特洗，对槽车有特殊要求的情况下，一般在换装其他物料时会采用特洗，根据槽车情况用适宜的洗刷剂洗刷或溶剂喷刷（刷后需除净溶剂），最终达到“四无”即无杂质、无水和油垢、无纤维、无明显铁锈。特洗的最终目标是目视或用抹布擦拭检查不呈现锈皮、锈渣及黑色。特洗的一般程序：抽车底残油→蒸车、鼓风→刷车→抽污水→鼓风→清扫→槽车检查。

## 5.3 排查工作流程

洗车过程 VOCs 污染源排查工作流程包括资料收集、源项解析、统计核算、格式报表四部分，具体工作流程见图 5-4。

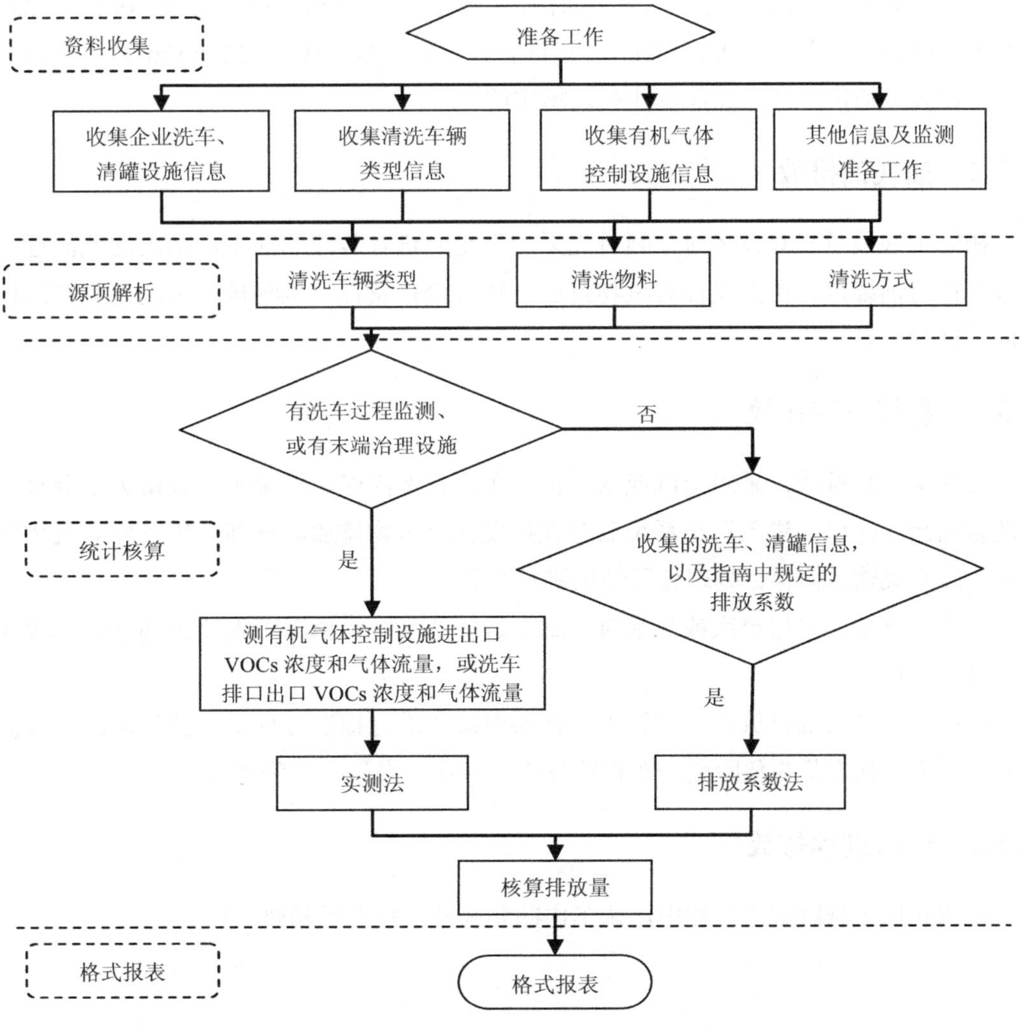


**图 5-4 洗车过程 VOCs 污染源排查工作流程**

## 5.4 资料收集

收集与洗车过车 VOCs 排放相关参数，包括洗车方式、罐车温度、环境及气象条件等。

## 5.5 源项解析

### 5.5.1 通风置换过程排放

在真空泵抽残油前，开启鼓风机向槽车强制通风，确保槽车内氧含量［19.5%～23.5%（*V*/*V*）］、爆炸气含量（≤0.2%LEL）、有毒有害气体含量（$H_2S$≤10 mg/m$^3$）三项指标合格，在此强制通风环节存在挥发性有机物排放。

### 5.5.2 抽残油排放

槽罐车残液量相对较多时，须首先采用真空泵进行残液的抽出，抽出的残液进入污油罐，在污油罐内存在挥发性有机物排放。该部分挥发性有机物排放可纳入有机液体储存源项进行核算。

### 5.5.3 洗涤过程排放

随含油污水排放：采用蒸汽或水对槽罐车进行洗涤时，槽罐车内残留大部分有机液体随含油污水排出，进入污水系统后存在挥发性有机物排放。该部分挥发性有机物排放可纳入废水集输、储存、处理处置源项进行核算。

随蒸汽排放：采用蒸汽或热水对槽罐车进行洗涤时，槽罐车内残留部分有机液体随蒸汽排入环境。

随锯末、抹布等排放：采用锯末、抹布对罐车进行擦洗过程中，会带走部分残油，废弃的锯末、抹布作为危险废物在存放过程中存在挥发性有机物排放。

### 5.5.4 干燥过程排放

采用热风干燥罐车的过程中，罐车内的剩余残油挥发后随热风排放。

## 5.6 推荐估算方法

### 5.6.1 物料衡算法

适用于所有洗车过程，通过罐车物料装载过程的测定计量，以及残油抽出量、随废水及固废带走量的测定和记录，进行洗车过程 VOCs 排放量的核算。

$$E_{洗车} = \sum_{j=1}^{m}\left[\sum_{i=1}^{n}(Q_{j,i装车} - Q_{j,i卸车} - Q_{j,i残油} - Q_{j,i废水} - Q_{j,i固废})\right] \tag{5-1}$$

式中：$E_{洗车}$——洗车过程挥发性有机物的排放量，t/a；

$Q_{j,i装车}$——$j$ 罐车第 $i$ 次清洗过程对应的上一次装载物料量，t；

$Q_{j,i卸车}$——$j$ 罐车第 $i$ 次清洗过程对应的上一次卸车物料量，t；

$Q_{j,i残油}$——$j$ 罐车第 $i$ 次清洗过程中抽残油环节抽走的物料量，t；

$Q_{j,i废水}$——$j$ 罐车第 $i$ 次清洗过程中含油废水带走的物料量，t；

$Q_{j,i固废}$——$j$ 罐车第 $i$ 次清洗过程中固体废物带走的物料量，t；

$n$——罐车一年的清洗次数，次；

$m$——一年清洗罐车数量，个；

以各种形式扣减的挥发性有机物量均需提供相关有效计量或监测等证明材料才有效。

### 5.6.2 理论计算法

适用于企业无有效的计量或监测数据的洗车过程，通过物料性质、环境温度、罐车体积、罐车颜色等计算该过程罐车内最大可能挥发性有机物排放量。

$$E_{洗车} = \sum\left(E_{洗车气体逸散} + E_{洗车抽液排放}\right) \tag{5-2}$$

$$E_{洗车气体逸散} = C_0 \times V_{罐车} \times 10^{-3} \tag{5-3}$$

式中：$V_{罐车}$——清洗罐车的体积 $m^3$；

$C_0$——洗车罐车气、液相处于平衡状态，将挥发物料看作理想气体下的物料密度，$kg/m^3$。

$$C_0 = \frac{P_T \times M}{R(T + 273.15)} \tag{5-4}$$

式中：$T$——罐内气相空间温度，如无法获取，可使用罐壁温度，℃；

$P_T$——温度 $T$ 时残存物料的真实蒸气压，kPa；

$M$——残存物料的分子量，g/mol。

$$E_{洗车抽液排放}=V_{气量}\times C_1\times 10^{-9} \tag{5-5}$$

式中：$C_1$——有机气体控制设施出口（抽液口出口）VOCs浓度，mg/m$^3$；

$V_{气量}$——抽气口气量，m$^3$。

## 5.7 报告格式

企业排查工作完成后，需形成排查报告（见表5-1）。

表5-1 有机液体槽车清洗VOCs污染源排查报告

| 排查项目 | 有机液体槽车清洗VOCs污染源排查 |
|---|---|
| 排查单位 | ××公司 |
| 监测实施单位 | ××公司 |
| 报告编制单位 | ××公司 |
| 排查时间 | ××××年××月××日 |
| 监测时间 | ××××年××月××日 |
| 有机液体槽车清洗基本情况（填写模板） | 本企业一次原油加工能力为××$10^4$t/a，共清洗有机液体槽车××节，汽油槽车××节，柴油槽车××节，航煤槽车××节…… |
| 有机液体槽车清洗VOCs排放估算结果及评估（填写模板） | 根据有机液体槽车清洗VOCs污染源排，估算本企业××年度有机液体槽车清洗源项VOCs排放量约为××t |
| 有机液体储存调和过程VOCs损耗量削减潜力分析 | 达标性分析： 达标□ 不达标□，削减潜力：××t/a<br>国内平均水平：已满足□ 未满足□，削减潜力：××t/a<br>国内先进水平：已满足□ 未满足□，削减潜力：××t/a |
| 备注 | 在不合规的情况下，应说明整改计划。<br>其他需要说明的排查结果 |

## 5.8 管理要求与建议

### 5.8.1 管理要求

①以保护装置内外环境为目的，防止和最大限度地限制周围环境的污染和破坏，尽可能地为劳动者创造一个安全适宜的作业场所，保护劳动者的身心健康。

②槽车清洗后的含油污水和颗粒性污物对人体具有一定的毒性，对环境有一定的污染，要加强对此“废水”“废渣”的管理。

③清洗槽车的含油污水必须通过站台管道进入污水处理系统，不得流入净水系统。

④生态环境人员保证污水处理系统的污水池表层无浮油，做到达标排放。

⑤检修时，污油、污水罐和地沟阴井里有颗粒性污物，这些“废渣”清出来后，立即移出装置，交由生态环境部门集中处理。

⑥定期检查维护水、蒸汽设施，消除“跑冒滴漏”现象。

⑦清扫设备环境卫生，严禁用大量水冲洗。

⑧树立节水节电意识，杜绝长流水、长明灯现象。

⑨最大限度地减少冬季取暖、夏季空调的使用时间。

## 5.8.2 工作建议

槽车清洗主要有三种方式：普洗、精洗、特洗。三种清洗方式都采用敞口蒸汽熏蒸清洗配合人工清扫，但随着人们环保意识的不断提高及政府部门的重视，有关环保方面的法律、法规要求也越来越严，这种清洗方法已经越来越不适应环保节能的要求。

密闭蒸汽清洗设施将成为油罐车清洗的新趋势，这种装置一般由悬臂系统、升降系统、密闭系统、仪表检测系统和安全保障系统构成（见图 5-5）。

图 5-5 蒸汽密闭清洗设施

悬臂系统由悬臂旋转机构组成，实现设备的左右旋转；升降系统由液压油缸、同步马达以及液压锁等组成，实现密闭盖的上下运动；密闭系统主要包括金属波纹管密封和锁紧机构，实现密闭洗车时罐口与洗车装置的密封、锁紧，洗罐后解锁；仪表检测系统由温度、压力检测装置组成，即时检测罐内参数情况；安全保障系统主要由紧急泄压部分和完善的温度、压力调节控制部分组成，以保证洗车安全。

该技术与普遍使用的敞口蒸汽洗车技术相比，可明显提高洗车温度和蒸汽利用率，降低蒸汽用量；罐车残油蒸洗彻底；洗车过程噪声低，明显改善作业环境；有利于职工身体健康。

密闭蒸汽洗车可解决传统敞口蒸汽洗车技术缺点，具有以下优点：

①密闭蒸汽洗车技术与敞口蒸汽洗车相比，可明显提高洗车温度和蒸汽利用率，蒸汽用量平均降低70%以上、洗车效率同比提高2倍以上。

②罐车残油蒸洗彻底，针对不同介质的洗车都能满足要求，尤其能满足航煤特洗要求；

③有效解决了传统敞口洗车污染大气问题，噪声低，明显改善作业环境。

根据某企业提供的数据，密闭蒸汽洗车技术与敞口蒸汽洗车相比取得以下效果：

①减少蒸汽用量。改造前平均清洗每台车消耗蒸汽2.42 t，改造后平均每台车消耗蒸汽0.38 t。每台平均节约蒸汽2.04 t，节约蒸汽70%以上。

②减少油气挥发。敞口式蒸汽清洗在罐车蒸煮过程中，高温蒸汽携带罐车内油气直接挥发到环境空气中。长期检测结果表明，敞口洗车罐口处VOCs浓度平均为$2\,613\times10^{-6}$，采用密闭清洗工艺后，罐口处平均浓度为$406\times10^{-9}$，向周边环境挥发油气量减少99.98%，环境得到极大改善。根据其他用户监测，VOCs平均减排95%以上。

③高洗车效率。密闭清洗温度在80～105℃，远高于敞口清洗的温度，改善了清洗的效果。

④洗车噪声。改造前洗车噪声大于85 dB，改造后洗车噪声降到65 dB以下，有效保护了操作人员的健康。

## 5.9 估算方法案例

### 实测法计算洗车过程VOCs排放量

某企业每次汽油罐车清洗过程，罐车内均有残液留存，均需要将残液清除抽走。洗车工序为普洗。其油罐车体积统一为50 $m^3$，罐壁温度平均为30℃，抽气口VOCs浓度为120 mg/$m^3$，气量为100 $m^3$/h，单次洗车时间为2 h，全年汽油罐车清洗1 000次，该企业全年汽油罐车清洗过程VOCs排放量是多少？

解：$C_0 = \frac{P_T \times M}{R(T+273.15)} = \frac{71.95\times 68}{8.314\times(30+273.15)} = 1.94\ \text{kg/m}^3$

$E_{洗车气体逸散} = C_0 \times V_{罐车} \times 10^{-3} = 1.94\times 50\times 10^{-3} = 0.097$ t/次

$E_{洗车抽液排放} = V_{气量} \times C_1 \times 10^{-9} = 100\times 120\times 2\times 10^{-9} = 2.4\times 10^{-5}$ t/次

$E_{年洗车} = (0.097 + 2.4\times 10^{-5})\times 1\,000 = 97$ t/a

# 6 非正常生产工况排放

## 6.1 概述

在开车、停车、检维修过程中，工艺操作属于非正常状态。开车过程中，反应器温度可能不满足发生反应的需要，或工艺物料流量低于正常操作条件，在这些情况下，正常不排气的工艺过程可能会有大量的排放。开车、停车过程中的 VOCs 排放是工业企业 VOCs 排放源的重要组成部分。其他源项的估算方法通常为正常操作条件（如多数特定污染源排放系数和默认排放系数），但开车、停车过程中的 VOCs 排放在工艺过程的排放特性与正常操作过程显著不同，专门估算开车、停车过程的排放是极其重要的，并且企业的年度排放总量应包含这些排放量。

开车、停车过程中产生的污染物主要包括苯系物、烃类化合物等。频繁开车、停车将导致大量 VOCs 排放，对环境和人群健康造成极大伤害。

本章主要结合估算案例分析，介绍工业企业开车、停车和检维修过程，对 VOCs 排放源项进行分析，提出排查工作流程、推荐估算方法和管控要求，以及相应的建议。

## 6.2 开停车、检维修过程简介

### 6.2.1 开工过程

装置开工流程主要包括：

①开工准备：准备好消防器材及安全防护用具、清理现场、全面检查、培训与考试、对外联系、系统试压；按颁布的检修标准进行详细检查，对检修的设备验收，必须达到检修标准要求；由专人负责详细检查动力系统，即水、电、气、风、系统管线。

②吹扫并置换空气：吹扫、氮气置换空气；氮气置换空气结束，系统氧气含量合格，具备投料开工条件。

③投料开工：出料合格、操作平稳后，装置正常运行。

### 6.2.2 停工过程

装置停工流程主要包括：

①停工前准备工作：准备好检修工具及安全防护用具、系统设备管线等检查，保证完好，联系各单位做好停工准备，与化验室、仪表、钳工、电工等做好联系。

②停工退料：物料全部退完，设备、管线内压力常压。

③停工后处理：水洗、拆盲板、系统管线处理。

④吹扫：集合管引蒸汽、设备引汽吹扫、维持吹扫 48 h、停止吹扫。

⑤水洗降温：向集合管引水、通过吹扫线向各容器引水、用回流泵向各塔打水，塔底排空、停止水洗。

⑥装置退料干净：设备管线内吹扫、卸压干净，系统管线全部盲板隔离，装置卫生打扫，符合检修规定要求，交付施工单位施工检修。

### 6.2.3 检维修过程

检维修流程主要包括：

①检维修准备：按颁布的检修标准进行详细检查，对检修的设备验收，必须达到检修标准要求；由专人负责详细检查，有关设备经检查确认无问题。

②吹扫并置换空气：氮气置换空气结束，系统氧气含量合格，具备投料开工条件。

③投料开工：出口合格，操作平稳，装置正常运行。

## 6.3 排查工作流程

具体工作流程见图 6-1。

## 6.4 资料收集

非正常工况 VOCs 污染源排查收集的技术资料主要包括企业装置开停车信息、检维修信息，包括开停车、检维修频次、规模、方式等；开停车、检维修装置的物料信息、装置容器形式；开停车、检维修装置的状态信息，包括装置温度、压力等；开停车操作手册，确认各类涉 VOCs 废气的去向及处理方式，同时，收集企业火炬的服务范围等（见表 6-1 和表 6-2）。

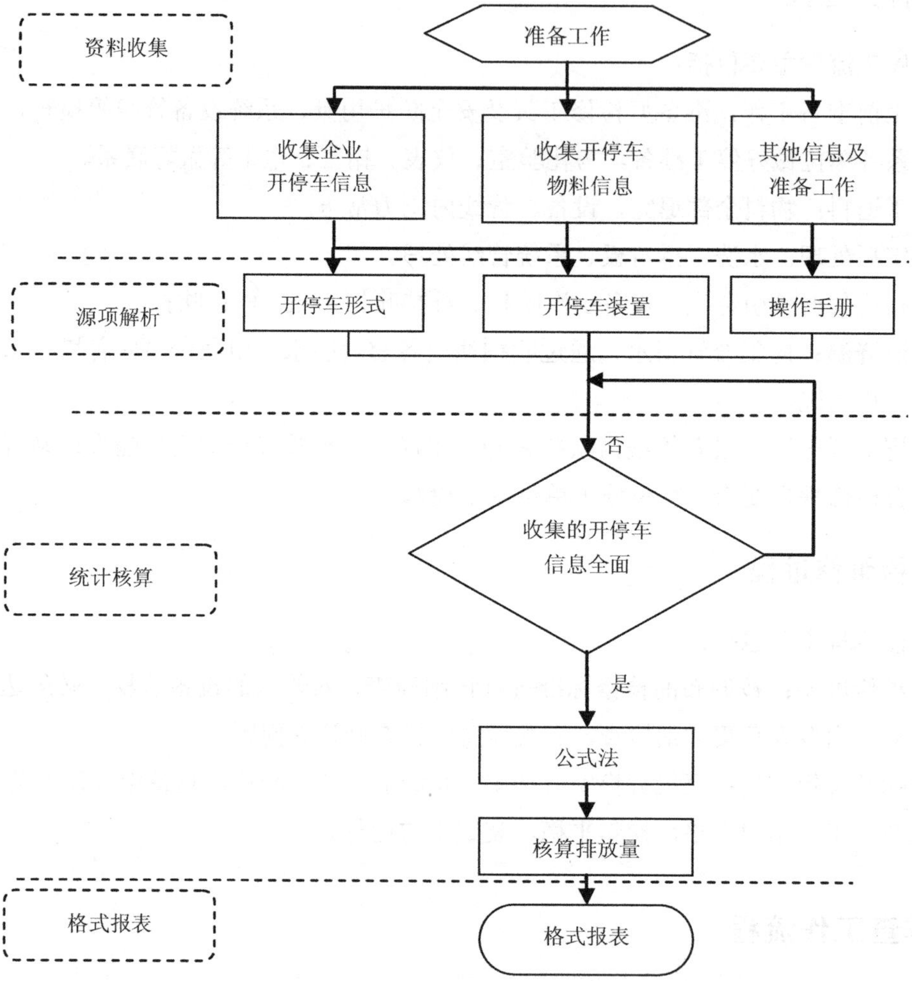


图 6-1　开停工 VOCs 污染源排查工作流程

表 6-1 开停工及检维修 VOCs 排放数据（气体加工容器）

| 序号 | 装置/单元名称 | 压力容器名称 | 泄压、吹扫序号 | 设备容积/$m^3$ | 内构件所占的体积分数/% | 初期泄压气体排火炬时容器的温度/℃ | 初期泄压气体排火炬时容器的压力（表压）/kPa | 初期泄压气体排火炬时气体组成（体积分数）/% | 泄压气体排放大气时容器的温度/℃ | 泄压气体排放大气时容器的压力（表压）/kPa | 泄压气体排放大气时气体组成（体积分数）/% |
|---|---|---|---|---|---|---|---|---|---|---|---|
| | | | 第 1 次 | | | | | | | | |
| | | | 第 2 次 | | | | | | | | |
| | | | …… | | | | | | | | |

注：表中各项均为必填项。

表 6-2 开停工及检维修 VOCs 排放数据（液体加工及存储容器）

| 序号 | 装置/单元名称 | 压力容器名称 | 泄压、吹扫序号 | 设备容积/$m^3$ | 内构件所占的体积分数/% | 液体薄层的体积分数/% | 液体的密度/（$kg/m^3$） | 排放前液体的组成（质量分数）/% | 初期泄压、吹扫进入火炬的质量分数/% |
|---|---|---|---|---|---|---|---|---|---|
| | | | 第 1 次 | | | | | | |
| | | | 第 2 次 | | | | | | |
| | | | …… | | | | | | |

注：表中各项均为必填项。

## 6.5 源项解析

在开停车过程中，工艺操作属于非正常状态。开车过程中，反应器温度可能不满足发生反应的需要，或工艺物料流量低于正常操作条件。在这些情况下，正常不排气的工艺过程可能会有大量的排放。此外，在停车过程中，工艺容器需要泄压和吹扫，也会排放VOCs。企业装置开停车、检维修过程中VOCs排放量主要为初期泄压、吹扫、停运、倒空、清洗等环节排放的VOCs排放量源。

## 6.6 推荐估算方法

对于非正常操作的状态，采用公式法进行估算，并与火炬设施相结合。正常情况下，装置开停工及检维修时的初期泄压、吹扫气首先导入火炬系统，达到一定要求后，泄压到大气。如果火炬使用基于火炬气流量、气体组成、气体热值监测的方法计算VOCs排放量，则开停工及检维修过程可不重复计算；如果火炬使用排放系数估算方法或没有投用时，单独估算这部分VOCs排放量。

### 6.6.1 气体加压容器泄压和吹扫VOCs排放量核算

气体加压容器开停工及检维修排放的VOCs可通过公式法估算。

$$E_i = \frac{(0.145P_{\mathrm{V}} + 14.7)}{14.7} \times \frac{528}{492 + 1.8T} \times (V_{\mathrm{V}} \times f_{空置}) \times \frac{\mathrm{MW}_i}{\mathrm{MVC}} \times \mathrm{MF}_i \tag{6-1}$$

式中：$E_i$ —— 开停工、检维修过程污染物 $i$ 的排放量，kg/事件；

$P_{\mathrm{V}}$ —— 泄压气体排入大气时容器的表压，kPa；

$T$ —— 泄压气体排入大气时容器的温度，℃；

$V_{\mathrm{V}}$ —— 容器的体积，$m^3$；

$f_{空置}$ —— 容器的体积空置分数，除去填料、催化剂或塔盘等所占体积后剩余体积的百分数，在容器中不存在内构件时，取1；

$\mathrm{MW}_i$ —— 污染物 $i$ 的分子量，kg/kmol；

MVC —— 摩尔体积转换系数，24.04 $m^3$/kmol；

$\mathrm{MF}_i$ —— 容器内气体中污染物 $i$ 的体积分数。

### 6.6.2 液体加压容器泄压和吹扫VOCs排放量核算

液体加压容器开停工及检维修排放的VOCs可通过公式法估算。

$$E_{\text{VOCs}}=\left(V_{\text{V}}\times f_{\text{空置}}\right)\times K\times d\times\left(1-F_{\text{火炬}}\right) \tag{6-2}$$

式中：$E_{\text{VOCs}}$—— 开停工、检维修过程 VOCs 的排放量，kg/事件；

$V_{\text{V}}$—— 容器的体积，$m^3$；

$f_{\text{空置}}$—— 容器的体积空置分数。在容器中不存在填料或塔盘时，取 1；

$K$—— 液体薄层占容器内液体体积的百分数，取值在 0.1%～1%；

$d$—— 液体的密度，$kg/m^3$；

$F_{\text{火炬}}$—— 液体薄层被吹扫至火炬的质量百分数。

## 6.7 报告格式

表 6-3 非正常工况 VOCs 污染源排查报告

| 排查项目 | 企业非正常工况 VOCs 污染源排查 |
|---|---|
| 排查单位 | ××公司 |
| 监测实施单位 | ××公司 |
| 报告编制单位 | ××公司 |
| 排查时间 | ××××年××月××日 |
| 监测时间 | ××××年××月××日 |
| 企业或装置开停车、检维修情况 | 企业装置的开停车、检维修信息，包括开停车、检维修频次、规模、方式等；开停车、检维修装置的物料信息、装置容器形式；开停车、检维修装置的状态信息，包括装置温度、压力等。同时，收集企业火炬的服务范围等 |
| 非正常工况 VOCs 排放估算结果及评估（填写模板） | 根据非正常工况 VOCs 污染源排查工作指南，××公司××年度开停车源项 VOCs 排放量约为××t |
| 开停车源项 VOCs 排放削减潜力分析 | 达标性分析：　达标□　　不达标□，削减潜力：××t/a<br>国内平均水平：已满足□　　未满足□，削减潜力：××t/a<br>国内先进水平：已满足□　　未满足□，削减潜力：××t/a |
| 备注 | 其他需要说明的排查结果 |

## 6.8 管理要求与建议

### 6.8.1 美国管理要求

关于停工和检维修过程中泄压吹扫的 VOCs 排空，国内外相关规定都较少。在美国

《联邦法规法典》（CFR）第 40 编第 63 部分关于炼油厂有毒有害空气污染物的国家排放标准中，对停工或检维修的设备，规定放空到大气之前，设备中的液体物料应尽可能退净，并通过控制装置、燃料气系统或工艺气回收系统对设备泄压，直到满足下列条件之一：①检维修设备中可燃气体的爆炸下限（LEL）低于 10%；②若由于设计问题而无法测量设备中可燃气体的爆炸下限，则应将检维修设备中的压力减少至 34.5 kPa 或以下。当打开维修通气孔时，除非维修装置内的可燃气体爆炸下限低于 10%，否则不能进行吹扫排大气操作；③检维修设备中 VOCs 质量不超过 32.66 kg；④在炼油厂没有氮气供应的情况下，检维修装有可燃性催化剂的设备（如加氢和加氢裂化器），泄压吹扫时设备中的可燃气体爆炸下限全年只允许有一次事件不超过 35%，其余情况必须低于 20%。标准还要求，停工或检维修容器的爆炸下限或设备压力应该采用过程仪表或便携式仪器测量和校正，设备中的 VOCs 含量应该基于设备大小及物料衡算来确定。

由此可见，美国对化工装置停工或检维修泄压放空的过程管理综合考虑了安全控制和污染控制。与我国石化企业检维修作业安全管理规定不太相同的是，美国对停工或检维修容器中的气体检测要求为设备放空到大气之前，而不是人员进入设备之前。虽然也没有对容器内 VOCs 的测量提出针对性要求（只要求检测可燃气体爆炸下限），但提出的气体检测时段更贴近泄压气体排入大气时容器各项参数的要求，也更能反映设备放空的真实排放情况。

### 6.8.2 我国管理要求

我国在 2020 年发布的《2020 年挥发性有机物治理攻坚方案》中原则性提出了石化、化工、煤化工、制药、农药等行业企业在确保安全的前提下，全厂开停车、装置整体停工检修和储罐清洗作业等，应减少非正常工况 VOCs 排放；2021 年发布的《关于加快解决当前挥发性有机物治理突出问题的通知》中，总结了工业企业非正常工况存在的突出问题，如部分企业清洗、退料、吹扫、放空、晾干等环节敞开式作业，VOCs 直排；针对部分企业火炬系统监控不到位、有机废气未充分燃烧、VOCs 大量排放等，提出了企业排查和检查重点及治理要求。企业应制定非正常工况 VOCs 管控规程，严格按照规程进行操作。企业开停工、检维修期间，退料、清洗、吹扫等作业产生的 VOCs 废气应及时收集处理，确保满足标准要求。停工退料时应密闭吹扫，最大化回收物料；产生的不凝气应分类进入管网，通过加热炉、火炬系统、治理设施或带有恶臭和 VOCs 废气治理装置的污油罐、污水处理设施、酸性水罐等进行收集处置。在难以建立蒸罐、清洗、吹扫产物密闭排放管网的情况下，可采用移动式设备处理检维修过程排放的废气。蒸罐、清洗、吹扫产物全部处置完毕后，方可停运配套治理设施、气柜、火炬等。加强放空气体 VOCs 浓度监测，一般低于 200 μmol/mol 或 0.2%爆炸下限浓度后再进行放空作业，减少设备拆解过程中 VOCs 排放。在停工检维修阶段，环保装置、气柜、火炬等应在生产装置开车前完成检维修；在开机进料时，应将置换出的废气排入火炬系统或采用其他有效方法进行处理；开工初始阶段产生的不合格产品应妥善处理，不得直排。企业检维修期间，当地生态环境部门可利用走航车监测、网格化监测等方式加强监管，必要时可实施驻厂监管。石化、化工企业应加强可燃性气体的回收，火炬燃烧装置一般只用于应急处置，不作为日常大气污染处理设施；企业应按标准要求在火炬系统安装温度监控、废气流量计、助燃气体流量计等，鼓励安装热值检测仪；火炬排放废气热值达不到要求时应及时补充助燃气体。

从我国地方层面来看，2014 年，上海市环保局颁布了《化工装置开停工和检维修挥发性有机物排放控制技术规程（试行）》，规定了上海市石油化工和化工企业开停工检维修阶段 VOCs 排放控制原则和措施，以及监测和报告的技术要求。规程中要求企业记录装置放空时的容器压力和温度，以及检测人员进入前装置内的气体组分，同时记录人员进入前设备内有机气体监测期间的起始和终止浓度，以及检测时间区间的长度。该规程虽然对气体检测提出了明确要求，但仍然只针对人员进入前装置内的气体浓度，企业按此规程操作记录的气体浓度仍然不能反映设备放空时容器内的气体浓度，以及由此估算的 VOCs 真实排放量。

总之，对于非正常工况来说，首先，要优化全厂生产组织管理，降低开停车和检维修频率，增加装置运行时数，如装置进料泵、压缩机等关键设备，可设置备用或提高其材质或密封等级等措施提高可靠性，降低由于设备故障而造成的非计划停工次数；其次，制定操作规程，严格执行工艺设备及管线停工退料和吹扫程序，控制废气、废液及固体废物的排放，设备的初期泄压、吹扫气若首先排至火炬系统，企业应按火炬排放源项的现场监测要求进行监测和记录。泄压吹扫结束后、泄压气体排入大气之前，在保障安全的前提下，企业应对设备容器的温度、压力和气体组分进行监测和记录；用于输送、储存、处理含挥发性有机物、恶臭物质的生产设施，以及水、大气、固体废物污染控制设施在检维修时清扫气应接入有机废气回收或处理装置。选择零排放、低排放的检维修操作方式，减少无组织排放。在排向火炬的管道上设置计量和采样装置，在排向大气时应对气体的温度、成分进行采样分析。最后，严格按开工方案要求，做好开工工作，开工前对关键部位进行认真检查，确保开工安全；氮气充压时，防止氮气窒息；引瓦斯过程中关闭无关阀门，严防串瓦斯，瓦斯充压及排凝注意防中毒等。

### 6.8.3 总结

近年来，我国对非正常排放的 VOCs 管控不断提出新要求，重点行业的 VOCs 排放应实行全过程精细化管理。工业企业装置开停工及检维修过程中的泄压放空是排放 VOCs

的重要源项之一，已发布文件中提出了对石化行业该源项的核算方法，但此源项几乎被企业遗漏或者忽视。

为提高装置开停工和检维修 VOCs 排放源项的估算准确程度，以及我国工业企业 VOCs 的精细化管理水平，可参照美国炼油厂有毒有害空气污染物国家排放标准的相关规定：①在开停车和检维修过程中，设备吹扫排大气之前，应尽可能退净物料，并采取回收或燃烧措施对设备泄压；②泄压气体排入大气之前，在保障安全的前提下，应对容器的温度、压力和气体组分作监测和记录；③对气体组分的检测应采用便携式仪器，并检测非甲烷总烃或尽可能多的 VOCs 组分；④对装有可燃性催化剂的设备（如加氢和加氢裂化器）泄压吹扫时，若没有氮气吹扫供应，则容器内的气体爆炸下限应低于 20%（全年可有 1 次不超过 35%的例外），其余所有设备泄压吹扫时，容器内的气体爆炸下限应低于 10%或压力小于 34.5 kPa。

此外，吹扫每条管线及设备都应有专人负责，记录吹扫时间，吹扫人签字。吹扫前应放净管线和设备中的存水，以防水击，关闭无关的连通阀，防止串汽、串风、串水，每条管线要做到扫净，不留死角。冷却器先将上水切断，并由上水口放空，将水放净，换热器先扫副线后扫正线，并防止另一程密闭加热。控制阀先扫副线后扫阀门。吹扫前应先与有关岗位和装置部门联系，以便配合吹扫。采用密闭吹扫方式，吹扫后气体进火炬系统。泄压气体进入火炬系统，首先考虑气柜回收，不能回收时送火炬焚烧处理。

## 6.9 估算方法案例

### 案例一：气体加工容器泄压过程计算 VOCs 排放量

某连续重整装置需要检修，反应器泄压并首先吹扫到火炬系统，吹扫后反应器内没有液体物料存在。然后反应器泄压到大气。反应器的总体积是 566 m$^3$，催化剂占反应器总体积的 40%。当吹扫到大气时容器的温度和压力分别是 250℃和 68.9 kPa，反应器内气体的组成（体积分数）如下：苯 1.2%、己烷 0.5%、甲苯 1.4%、二甲苯 0.8%、其他 VOC2.1%、氮气 94%。计算该过程中 VOCs 的排放量。

解：在该检维修事件中 VOCs 的排放量计算公式如下

$$E_i=\frac{\left(0.145P_{\mathrm{V}}+14.7\right)}{14.7}\times\frac{492}{492+1.8T}\times\left(V_{\mathrm{V}}\times f_{空置}\right)\times\frac{\mathrm{MW}_i}{\mathrm{MVC}}\times\mathrm{MF}_i$$

根据提供的资料，空置分数是催化剂颗粒未占的体积分数：1−0.4=0.6。苯分子量 78，己烷分子量 86，甲苯分子量 92，二甲苯分子量 106.16；假设其他 VOC 有相似的分子量，用已知有机组分的平均分子量代替，则其他 VOC 分子量为（1.2×78+0.5×86+

1.4×92+0.8×106）/4.9=90。

以苯为例，计算 VOCs 得：

$$E_i = \frac{(0.145P_V + 14.7)}{14.7} \times \frac{492}{492 + 1.8T} \times (V_V \times f_{空置}) \times \frac{MW_i}{MVC} \times MF_i$$

$$= \frac{(0.145 \times 68.9 + 14.7)}{14.7} \times \frac{492}{492 + 1.8 \times 250} \times (566 \times 0.6) \times \frac{78}{22.4} \times 0.012$$

=12.44 kg/事件

同理，通过该公式估算的其他有机组分的排放量：己烷为 5.72 kg/事件，甲苯为 17.15 kg/事件，二甲苯为 11.29 kg/事件，其他 VOC 为 25.13 kg/事件。

VOCs 排放量为以上各污染物排放量之和，合计 71.73 kg/事件。如果该事件一年发生两次，则年度 VOCs 排放量是 143.46 kg/a。

## 案例二：液体加工容器泄压过程计算 VOCs 排放量

某连续重整装置需要检修，反应器的总体积是 566 $m^3$，催化剂占反应器总体积的 40%。反应器内重整物料的质量分数为苯 4.6%、己烷 3.9%、甲苯 14.5%、二甲苯 13.8%、其他 VOC=63.2%。假设液体薄层的 90%被吹扫到火炬，其他吹扫进入大气。计算该检修过程中 VOCs 及各污染物的排放量。

解：假设液体薄层是液体体积的 0.5%。最大液体体积是 566×（1−0.4）= 340 $m^3$，经计算，反应器内液体体积为 1.7 $m^3$（340×0.005），质量为 1 360 kg（1.7 $m^3$×800 kg/$m^3$ 物料密度根据物料质量分数和各组分密度计算得到）。

假定 90%的薄膜液体被吹扫到火炬，则 1 224 kg 物料被送到火炬，136 kg 被直接吹扫向大气。假设火炬的燃烧效率为 98%，火炬未燃烧的排放量是 24.48 kg。

因此，包含火炬和吹扫气排放在内，合计 VOCs 排放量 160.48 kg。

各污染物的排放量如下：

苯为 160.48×0.046 =7.38 kg/事件；己烷为 160.48×0.039 =6.26 kg/事件；

甲苯为 160.48×0.145 =23.27 kg/事件；二甲苯为 160.48×0.138 =22.15 kg/事件；

其他 VOC 为 160.48×0.632 = 101.42 kg/事件。

## 案例三：核算气体加工容器泄压过程VOCs排放量

某连续重整装置需要检修，反应器泄压并首先吹扫到火炬系统，吹扫后反应器内没有液体物料存在。然后反应器泄压到大气压。反应器的总体积是566 $m^3$，催化剂占反应器总体积的40%。容器泄压时容器的温度和压力分别是250℃和68.929 kPa(表压)，反应器内气体的体积百分数为：苯1.2%、己烷0.5%、甲苯1.4%、二甲苯0.8%、其他VOC 2.1%、氮气94%，假如一年检修2次，初期泄压、吹扫气已经计入火炬VOCs排放量，核算反应器年度该泄压排放VOCs的量。

解：$P_V$=68.929+101.325=170.254 kPa

$T_V$=250+273.15=523.15K

$V_V$=566 $m^3$

$V'$=0.4

苯分子量78，己烷分子量86，甲苯分子量92，二甲苯分子量106.16；假设其他VOC有相似的分子量，用已知有机组分的平均分子量代替，则其他VOC分子量为

（1.2×78+0.5×86+1.4×92+0.8×106）/3.9=90

核算1次泄压苯的排放量：

$$
\begin{aligned}
E_{苯} &= \frac{P_V}{P_o} \times \frac{T_o}{T_V} \times V_V \times (1-V') \times \frac{MW}{22.4} \times VF \times 10^{-3} \\
&= \frac{170.254}{101.325} \times \frac{273.15}{523.15} \times 566 \times (1-0.4) \times \frac{78}{22.4} \times 0.012 \times 10^{-3} \\
&= 0.014\,5 \text{ t/次}
\end{aligned}
$$

同理，通过该公式核算1次泄压其他有机组分的排放量分别是：己烷为0.005 72 t、甲苯为0.017 1 t、二甲苯为0.011 3 t、其他VOC为0.025 1 t。

核算该反应器年度VOCs排放量：

$$
\begin{aligned}
E_{气体容器,i} &= (0.014\,5 + 0.005\,72 + 0.017\,1 + 0.011\,3 + 0.025\,1) \times 2 \\
&= 0.073\,72 \times 2 \\
&= 0.147 \text{ t/a}
\end{aligned}
$$

## 案例四：核算液体加工容器吹扫过程 VOCs 排放量

某连续重整装置需要检修，反应器的总体积是 566 $m^3$，催化剂占反应器总体积的 40%。反应器内重整物料的密度为 800 $kg/m^3$，质量百分数为：苯 4.6%、己烷 3.9%、甲苯 14.5%、二甲苯 13.8%、其他 VOC=63.2%。假设液体薄层的 90%被吹扫到火炬，火炬的燃烧效率为 98%，其他吹扫进入大气，核算该反应器本次吹扫泄放 VOCs 的量。

解：$V_V$=566 $m^3$

$V'$=0.4

$f_1$ 假设液体薄层是液体体积的 0.5%

$d$ =800 $kg/m^3$

$f_2$=0.9

$F_{eff}$=98%

WF=1，排放物质全部为 VOC

核算反应器本次吹扫 VOCs 排放量：

$$E_{液体容器, i}=V_V\times(1-V')\times f_1\times d\times \text{WF}\times 10^{-3}\times\left[f_2\times(1-F_{eff})+(1-f_2)\right]$$
$$=566\times(1-0.4)\times 0.005\times 800\times 1\times 10^{-3}\times\left[0.9\times(1-98\%)+(1-0.9)\right]$$
$$=566\times 0.6\times 0.005\times 800\times 1\times 10^{-3}\times 0.118$$
$$=0.160\ \text{t/次}$$

核算本次排放 VOCs 中各组分排放量：

$E_{苯}$=0.160×0.046=0.007 37 t

$E_{己烷}$=0.160×0.039=0.006 25 t

$E_{甲苯}$=0.160×0.145=0.023 2 t

$E_{二甲苯}$=0.160×0.138=0.022 1 t

$E_{其他VOC}$=0.160×0.632=0.101 t

# 7 事故排放

## 7.1 概述

本书中大部分的排放量估算方法都是针对正常工况下的排放，而工艺装置或污染控制装置可能会发生事故或意外事故。在发生事故/意外事故（以下简称事故）时，排放量较正常工况会有明显升高。因此，在核算工业企业 VOCs 排放量时还应考虑事故状况下的排放。事故状况下的排放量应分别考虑每一次事故事件的具体情况。

工业企业可能发生事故的情景特别多，不可能对每种事故情景都提供具体描述。另外，由于事故对年排放量和短期排放量而言都非常重要，因此事故的持续时间和排放量均应记录在册，将事故排放量计入年排放量中。

本章主要针对发生频次较高的事故类型，考虑了 3 种事故排放：部分工艺装置事故、工艺容器超压和喷溅。

## 7.2 排查工作流程

排查工作流程包括资料收集、源项解析、统计核算、格式报表四部分。

## 7.3 资料收集

事故排放 VOCs 污染源排查收集的技术资料主要包括企业事故发生和持续时间、事故装置及状态信息（包括温度、压力等）、事故性质及规模、污染排放情况。事故状况下的排放量应分别考虑每一次事故事件的具体情况，事故的持续时间和排放量均应记录在册（见表 7-1 至表 7-3）。

表 7-1 控制装置事故

| 序号 | 事故类别 | 排放形式 | 排放去向 | 污染物的排放速率/（kg/h） | 事故持续时间/h |
|---|---|---|---|---|---|
| | | | | | |
| | | | | | |
| | | | | | |

表 7-2 容器超压排放数据

| 序号 | 设备名称 | 设备操作压力/Pa | 设备出口压力/Pa | 设备平均操作温度/K | 泄压阀直径/mm | 污染物的浓度（质量分数）/% | 排放持续时间/s | 火炬燃烧效率/% |
|---|---|---|---|---|---|---|---|---|
| | | | | | | | | |
| | | | | | | | | |
| | | | | | | | | |

表 7-3 喷溅数据

| 序号 | 设备名称 | 液体泄漏总量/kg | 闪蒸蒸发时间/s | 泄漏前液体的温度/K | 液体沸点/K | 液体汽化热/（J/kg） | 环境温度/K | 液池半径/m | 液体表面蒸气压 $P$/Pa | 风速/（m/s） | 闪蒸蒸发时间/s | 热量蒸发时间/s | 从液体泄漏到液体全部处理完毕的时间/s |
|---|---|---|---|---|---|---|---|---|---|---|---|---|---|
| | | | | | | | | | | | | | |
| | | | | | | | | | | | | | |
| | | | | | | | | | | | | | |

## 7.4 源项解析

在发生某些事故时，如由于系统过压导致泄压阀打开，气体排入火炬，该事故中的排放量可使用火炬排放的计算方法进行计算（如对进入火炬的气体进行连续检测时），但是在其他情况下可使用排放系数法等进行计算。因此，为防止重复计算，需要对事故进行评估，以确定是否需要进行事故排放量的特殊计算。以下事故事件应进行排放量估算：

①控制装置未使用或未达到使用要求的情况；

②当发生设备或系统超压，需向火炬排放的情况；

③泄漏被认为是 LDAR 工作的一部分（对设备泄漏或冷却塔而言），并不属于事故情形。需注意的是，本章中介绍的喷溅过程排放估算方法也可用于估算发生在液池中的设备泄漏排放。

## 7.5 估算方法

### 7.5.1 控制装置事故

在控制装置处于正常运行状态下使用特定排放系数或本书提供的其他方法进行排放量计算时，均应考虑控制装置的去除效率。当控制装置不能正常运行或停运时废气排放量较正常时会明显增大，如果控制效率为 99%的控制装置停运 3 天，那么这 3 天的排放量约等于控制装置运行良好时 1 年的排放量。

当控制装置发生事故时，污染源的排放量可以通过使用非控制状态排放系数或根据控制状态下的去除率进行调整。需要重点指出的是，控制装置的控制效率因污染物不同会发生变化。例如，火炬蒸汽过多会导致燃烧效率降低，进而增加 VOCs 和还原性硫的排放量。表 7-4 提供了催化裂化装置和焦化装置默认去除效率和事故状态下的修正系数。如果控制状态的排放量数据已知，则事故状态或停机状态下的非控制排放量可使用式（7-1）进行计算。

$$E_{\mathrm{VOCs},i}=e_{\mathrm{VOCs},i}\times \mathrm{EM}_{\mathrm{VOCs},i}\times t \tag{7-1}$$

式中：$E_{\mathrm{VOCs},i}$ —— 事故状态或停机状态下污染物 $i$ 的排放量，kg/事件；

$e_{\mathrm{VOCs},i}$ —— 根据测量数据或现场的排放测试数据得出的控制状态下的污染物 $i$ 的排放速率，kg/h；

$\mathrm{EM}_{\mathrm{VOCs},i}$ —— 基于表 7-4 控制装置中污染物 $i$ 的受控排放乘数；

$t$ —— 事故持续时间，h/事件。

表 7-4 控制装置的效率及控制装置事故乘数

| 污染源/控制装置描述 | 污染物种类[a] | 控制装置效率[b]/% | 受控排放的乘数[c] |
| --- | --- | --- | --- |
| 催化裂化或焦化/静电除尘 | PM、金属 HAP | 92 | 12.5 |
| | $SO_2$、$NO_x$、VOCs、有机 HAP、CO | 0 | 1 |
| 催化裂化或焦化/锅炉 | CO、VOCs、多数有机 HAP | 98 | 50 |
| | $NO_x$、PAH、甲醛 | ≈100 | 0.5 |

注：a 污染物种类。仅列出受控制装置影响的污染物。对其他污染物，假定控制装置的去除效率为 0%且排放倍数为 1。

b 控制装置效率。负值表示控制装置会造成某种污染物的增加。

c 受控排放的乘数。提高控制状态排放系数使之能反映事故状态的排放，该乘数=1/（1−控制装置效率）。

## 7.5.2 容器超压

工艺事故通常导致温度或压力过高，为避免装置出现进一步的异常，必须将容器内的物料释放。通常，这些紧急事故下的释放被送入火炬。如企业对进入火炬气体进行监测，并选择合适的方法进行排放量估算，则可不单独计算容器超压，否则需单独计算容器超压排放的 VOCs，见 8.4.3 节火炬 VOCs 排放估算方法中的工程估算法。

## 7.5.3 喷溅

通常，假定喷溅出的化合物全部直接排入大气环境。喷溅出的液体蒸发分为闪蒸蒸发、热量蒸发和质量蒸发 3 种，其蒸发总量为这 3 种蒸发之和，可用以下公式进行排放量计算。

### 7.5.3.1 闪蒸量的估算

过热液体闪蒸量可按式（7-2）估算：

$$Q_1 = \frac{F \times W_T}{t_1} \tag{7-2}$$

式中：$Q_1$ —— 闪蒸量，kg/s；

$W_T$ —— 液体泄漏总量，kg；

$t_1$ —— 闪蒸蒸发时间，s；

$F$ —— 蒸发的液体占液体总量的比例；按式（7-3）计算：

$$F = C_P \frac{T_L - T_b}{H} \tag{7-3}$$

式中：$C_P$ —— 液体的定压比热，J/（kg·K）；

$T_L$ —— 泄漏前液体的温度，K；

$T_b$ —— 液体在常压下的沸点，K；

$H$ —— 液体的汽化热，J/kg。

### 7.5.3.2 热量蒸发估算

当液体闪蒸不完全，有一部分液体在地面形成液池，并吸收地面热量而气化称为热量蒸发。热量蒸发的蒸发速度 $Q_2$ 按式（7-4）计算：

$$Q_2 = \frac{\lambda S \times (T_0 - T_b)}{H\sqrt{\pi \alpha t}} \tag{7-4}$$

式中：$Q_2$ —— 热量蒸发速度，kg/s；

$T_0$ —— 环境温度，K；

$T_b$ —— 沸点温度，K；

$S$—— 液池面积，$m^2$；

$H$—— 液体汽化热，J/kg；

$\lambda$—— 表面热导系数，W/（m·K）；

$\alpha$—— 表面热扩散系数（见表 7-5），$m^2/s$；

$t$—— 蒸发时间，s。

表 7-5 某些地面的热传递性质

| 地面情况 | $\lambda$/［W/（m·K）］ | $\alpha$/（$m^2/s$） |
|---|---|---|
| 水泥 | 1.1 | $1.29\times10^{-7}$ |
| 土地（含水 8%） | 0.9 | $4.3\times10^{-7}$ |
| 开阔土地 | 0.3 | $2.3\times10^{-7}$ |
| 湿地 | 0.6 | $3.3\times10^{-7}$ |
| 沙砾地 | 2.5 | $11.0\times10^{-7}$ |

#### 7.5.3.3 质量蒸发估算

当热量蒸发结束，转由液池表面气流运动使液体蒸发，称为质量蒸发。

质量蒸发速度 $Q_3$ 按式（7-5）计算：

$$Q_3=\alpha\times P\times M/\left(R\times T_0\right)\times u^{(2-n)/(2+n)}\times r^{(4+n)/(2+n)} \tag{7-5}$$

式中：$Q_3$—— 质量蒸发速度，kg/s；

$\alpha$、$n$—— 大气稳定度系数（见表 7-6）；

$P$—— 液体表面蒸气压，Pa；

$R$—— 气体常数，J/（mol·K）；

$T_0$—— 环境温度，K；

$u$—— 风速，m/s；

$r$—— 液池半径，m。

表 7-6 液池蒸发模式参数

| 稳定度条件 | $n$ | $\alpha$ |
|---|---|---|
| 不稳定（A，B） | 0.2 | $3.846\times10^{-3}$ |
| 中性（D） | 0.25 | $4.685\times10^{-3}$ |
| 稳定（E，F） | 0.3 | $5.285\times10^{-3}$ |

液池最大直径取决于泄漏点附近的地域构型、泄漏的连续性或瞬时性。有围堰时，以围堰最大等效半径为液池半径；无围堰时，设定液体瞬间扩散到最小厚度时，推算液池等效半径。

#### 7.5.3.4 液体蒸发总量的计算

$$W_P = Q_1 t_1 + Q_2 t_2 + Q_3 t_3 \tag{7-6}$$

式中：$W_P$ —— 液体蒸发总量，kg；

$Q_1$ —— 闪蒸蒸发液体量，kg；

$Q_2$ —— 热量蒸发速率，kg/s；

$t_1$ —— 闪蒸蒸发时间，s；

$t_2$ —— 热量蒸发时间，s；

$Q_3$ —— 质量蒸发速率，kg/s；

$t_3$ —— 从液体泄漏到液体全部处理完毕的时间，s。

## 7.6 报告格式

表 7-7 事故排放 VOCs 污染源排查报告

| 排查项目 | 企业事故排放 VOCs 污染源排查 |
|---|---|
| 排查单位 | ××公司 |
| 监测实施单位 | ××公司 |
| 报告编制单位 | ××公司 |
| 排查时间 | ××××年××月××日 |
| 监测时间 | ××××年××月××日 |
| 事故排放污染源基本情况（填写模板） | 企业事故发生及持续时间、事故装置及状态信息、事故性质及规模、污染排放情况等 |
| 事故排放污染源 VOCs 排放估算结果及评估（填写模板） | 企业××年度事故状态下 VOCs 排放量约为××t |
| 备注 | 其他需要说明的事项 |

## 7.7 管理要求与建议

经过对目前石化、化工企业的调研，几乎没有企业提供事故排放源项 VOCs 的核算情况，一是事故本身发生概率低，确实不存在事故排放源项；二是一旦发生事故，几乎所有的企业首先考虑安全问题的响应和应急，没有及时针对事故排放的污染物进行监测。

从工艺设计、设备选型阶段，综合考虑，避免事故发生；制订切实可行的应急预案，并加强应急演练工作；确保人员安全的前提下，及时开展事故排放造成的污染情况的监测和应急工作。

高度重视事故状态下的环境应急预防工作，坚持防控为主、预警在先，降低事故发生概率；逐一排查相关隐患，防患未然，做好企业现场调查和预防相关环境事故的准备工作。

根据企业的生产规模、工艺、原辅材料、各排放污染物环节、重大危险源和污染源、环境保护措施、周边环境及敏感目标等，针对性地编制并执行相应应急预案。

## 7.8 估算方法案例

**案例一：控制装置事故排放量计算**

某催化裂化装置的锅炉发生异常，在此工况下监测 VOCs 排放速率约为 12.5 kg/h。事故持续时间为 2 h。试算事故过程当中 VOCs 的排放量。

解：通过查阅表 7-4 可知，催化裂化锅炉的 VOCs 受控排放乘数为 50，将其代入公式计算可得

$$E_{\mathrm{VOCs},i}=e_{\mathrm{VOCs},i}\times \mathrm{EM}_{\mathrm{VOCs},i}\times t=12.5\times 50\times 2=1\,250\ \mathrm{kg/事件}$$

**案例二：喷溅排放量计算**

某 3 万 $m^3$ 的原油罐发生泄漏，罐体高度为 19.35 m，原油存储温度为 30℃，真实蒸气压为 32 270 Pa，泄漏的液池面积达到 1 538 $m^2$，泄漏总量约为 1 330 t。该原油的定压比热为 2.4 J/（kg·K），原油的密度为 0.86 t/$m^3$，在常压下的沸点约为 420℃，原油的气化热约为 350 kJ/kg。试算该喷溅事故过程中的蒸发总量。

解：原油的沸点约 420℃，远高于其存储温度，因此，本次泄漏事故无闪蒸损失和热量蒸发损失，只需计算质量蒸发损失。泄漏的液池面积达到 1 538 $m^2$，可得液池半径为 11.06 m，代入公式为

$$Q_3=a\times p\times M/\left(R\times T_0\right)\times u^{(2-n)/(2+n)}\times r^{(4+n)/(2+n)}$$

$$=\frac{4.685\times10^{-3}\times 32\,270\times 50\times 5^{\frac{(2-0.25)}{(2+0.25)}}\times 11.06^{\frac{(4+0.25)}{(2+0.25)}}}{8.314\times(273.15+30)}$$

$$=985.7\ \mathrm{kg/s}$$

**案例三：喷溅事故案例**

某 3 万 $m^3$ 的原油罐发生泄漏，罐体高度为 19.35 m，原油存储温度为 30℃，真实蒸气压为 32 270 Pa，泄漏的液池面积达到 1 538 $m^2$，围堰最大等效半径约为 11.06 m。该原油的定压比热为 2.4 J/（kg·K），原油的密度为 0.86 t/$m^3$，在常压下的沸点约为 420℃，原油的汽化热约为 350 kJ/kg。试算该喷溅事故过程中的蒸发总量。

解：原油的沸点约 420℃，远高于其存储温度，因此，本次泄漏事故无闪蒸损失和热量蒸发损失，只需计算质量蒸发损失。对于原油，液池蒸发模式可选中性，泄漏的液池面积达到 1 538 $m^2$，有围堰时，以围堰最大等效半径为液池半径，即 11.06 m，代入公式为

$$Q_3 = a \times p \times M / \left(R \times T_0\right) \times u^{(2-n)\times(2+n)} \times r^{(4+n)/(2+n)}$$

$$= \frac{0.25 \times 4.685 \times 10^{-3} \times 32\,270 \times 50 \times 3.5^{(2+0.25)\times(2-0.25)} \times 11.06^{\frac{(4+0.25)}{(2+0.25)}}}{8.314 \times (273.15+30)}$$

$$= 9\,633.5 \text{ kg/s}$$

# 8 火炬排放

## 8.1 概述

火炬系统主要用于处理石化、化工企业工厂内正常生产以及非正常生产（包括开停工、检维修、设备故障超压等）过程中工艺装置无法回收的工艺废气、过量燃料气以及吹扫废气中的可燃有机化合物。这些可燃的有机化合物中绝大多数为挥发性有机物（VOCs），在火炬系统设计和操作条件不能满足充分燃烧条件时，燃烧废气中即可不同程度地排放VOCs。因此，火炬也是工厂VOCs排放的一个固定点源之一。

本章主要介绍火炬系统VOCs污染源排查的范围、工作流程、源项解析、管控要求、VOCs排放估算方法及案例。对于固定点源，通常是采用实际测量废气流量和污染物浓度的实测法估算污染物排放量。但对于火炬而言，由于工况复杂，无法使用传统的测试技术进行测量，并且针对火炬排放性质的研究也比较少，因此，对火炬废气VOCs排放量的精确估算很难实现。本书提供了3种火炬废气VOCs估算方法，均为《美国炼油厂排放估算协议》中推荐的方法，建立在有关的研究和测试数据之上，实际工作中可根据具体情况选用。

## 8.2 排查工作流程

火炬系统污染源排查的范围包括石化、化工等企业工厂内服务于工艺装置、储存设施的操作火炬和事故火炬。工作流程包括资料收集、源项解析、统计核算、格式报表四部分，具体工作流程见图8-1。

根据收集到的石化企业火炬的配置信息、装置或设施开停工及检维修、设备超压等非正常工况排放火炬的信息、火炬运行参数和火炬气监测数据等，全面梳理、筛查火炬的数量、火炬服务的对象、处理规模、运行情况、达标排放情况等，最后完成统计核算和数据上报工作。

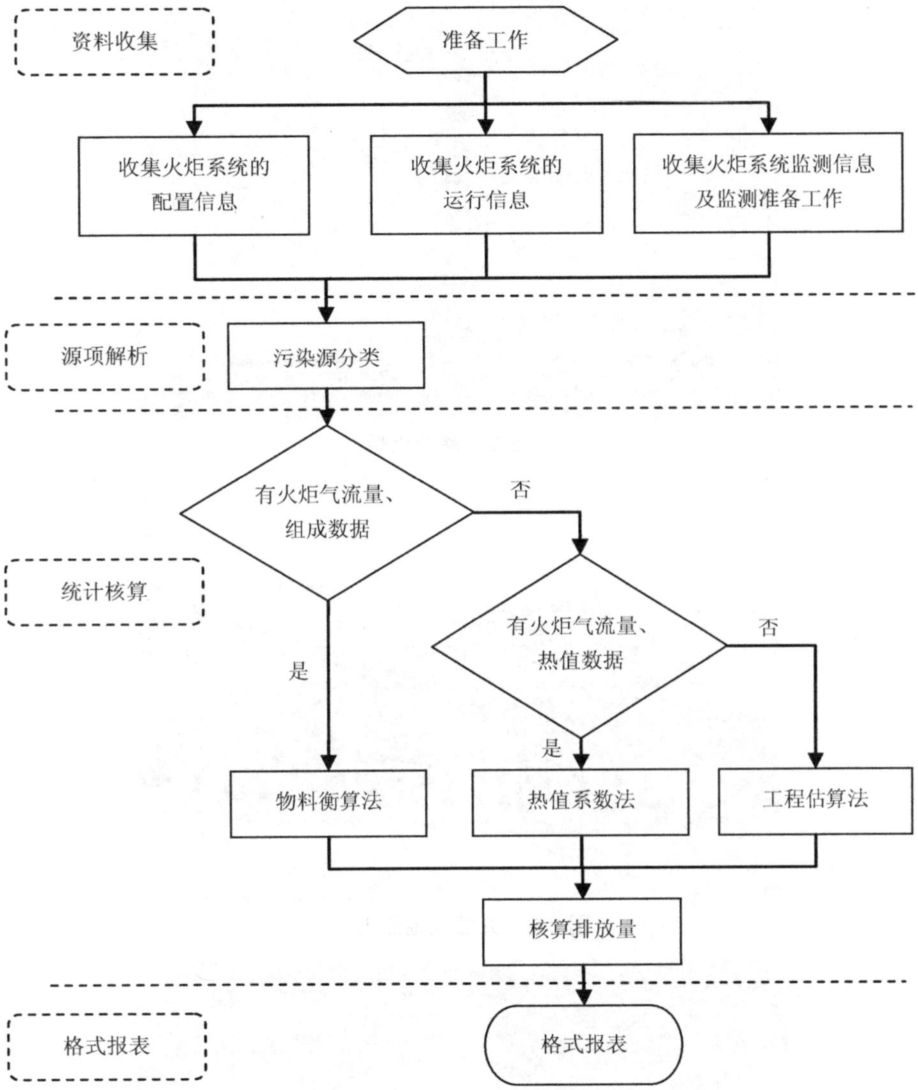


图 8-1 火炬废气 VOCs 污染源排查工作流程

## 8.3 源项解析

### 8.3.1 火炬类型

火炬按处理正常生产排放可燃废气和事故排放可燃废气分为操作火炬和事故火炬；按燃烧器设置位置分为高架火炬和地面火炬。地面火炬按燃烧器是否封闭分为开放式地面火炬和封闭式地面火炬（见图 8-2～图 8-4）。

图 8-2　高架火炬

图 8-3　开放式地面火炬

图 8-4　封闭式地面火炬

在高架火炬中，废气通过设置在一定高度的火炬筒体上的燃烧器进行燃烧，其处理量较大，应用较多。地面火炬比较复杂，可根据火炬进气量的大小，通过分级控制阀组，将火炬气分配到火炬的一级或多级燃烧器中进行燃烧。

## 8.3.2 火炬系统

火炬系统由火炬支管和总管、分液设施、阻火设施、燃烧器、点火系统、吹扫系统组成，对于消烟火炬还配有助燃蒸汽或助燃空气系统。

废气处理过程：来自工艺装置的废气由火炬支管汇入火炬总管，经过分液罐分离携带的液滴后进入水封罐，当气体的压力超过水封设置的压力后，气体进入燃烧器，由火种（长明灯）引燃后燃烧。

## 8.3.3 污染源分析

石化行业工厂内火炬的设置根据工艺装置的操作性质（连续或间断）、废气的种类（组成）、废气排放量等因素综合考虑设置，可根据火炬服务装置类别集中设置（如炼油火炬、化工火炬），也可以单独服务于特定装置或设施（如酸性气火炬、压力储罐火炬等）。

火炬排放 VOCs 的种类、排放量与处理的工艺废气的组成及燃烧效率有关。炼油火炬和乙烯火炬处理的工艺废气中大部分为 $C_4$ 及以下的烃类物质，表 8-1 和表 8-2 给出了某石化企业某炼油火炬和乙烯火炬气的组成，因此，这类火炬燃烧不好时，废气中可能含有烃类物质。对于石化厂内的化工火炬，处理的工艺废气通常为反应尾气，包括未反应的单体、反应中间体等，废气中可能含有其他有机物。

表 8-1 某石化企业炼油火炬气的组成

| 序号 | 火炬气成分 | 组成（体积分数）/% |
|---|---|---|
| 1 | $O_2$ | 1.74 |
| 2 | $N_2$ | 22.69 |
| 3 | $H_2S$ | 0.000 2 |
| 4 | $CO_2$ | 0.38 |
| 5 | $H_2$ | 13.64 |
| 6 | 甲烷 | 10.56 |
| 7 | 乙烷 | 15.1 |
| 8 | 乙烯 | 15.71 |
| 9 | 丙烷 | 1.55 |
| 10 | 丙烯 | 0.03 |
| 11 | 异丁烷 | 16.9 |
| 12 | 正丁烷 | 0.36 |
| 13 | 反丁烯 | 0.25 |

| 序号 | 火炬气成分 | 组成（体积分数）/% |
|---|---|---|
| 14 | 正丁烯 | 0.57 |
| 15 | 异丁烯 | 0.22 |
| 16 | 顺丁烯 | 0.17 |
| 17 | $C_5$ | 0.13 |
|  | 总和 | 100 |

注：火炬服务装置为常减压、催化、气分、重整等装置。

**表 8-2 某石化企业化工火炬气的组成**

| 序号 | 火炬气成分 | 组成（体积分数）/% |
|---|---|---|
| 1 | 氧气 | 0.31 |
| 2 | 氮气 | 8.62 |
| 3 | 硫化氢 | 0.001 |
| 4 | $H_2$ | 0.53 |
| 5 | 甲烷 | 87.90 |
| 6 | 乙烷 | 0.21 |
| 7 | 乙烯 | 1.20 |
| 8 | 丙烷 | 0.20 |
| 9 | 丙烯 | 0.22 |
| 10 | 异丁烷 | 0.10 |
| 11 | 正丁烷 | 0.09 |
| 12 | 正丁烯 | 0.11 |
| 13 | 异丁烯 | 0.04 |
| 14 | 反丁烯 | 0.03 |
| 15 | 顺丁烯 | 0.05 |
| 16 | $C_5$ | 0.39 |
|  | 总和 | 100 |

注：火炬服务装置为乙烯裂解、己二醇装置。

气体的热值取决于气体的组成，如果气体的热值过低而无法燃烧，或气体可以燃烧但热值小于 7 800 kJ/m$^3$ 而无法维持自行燃烧，并且没有补充燃料气时，都会排放大量的 VOCs。燃烧效率取决于供给的空气量是否充足、火炬气与空气的混合程度、火炬气速率及火焰可维持的燃烧温度。当烃类物质完全燃烧时会产生二氧化碳和水，如果烃类物质不完全燃烧，则会产生燃烧中间产物［如一氧化碳、颗粒物和小分子的烃（VOCs）］，会随着燃烧最终产物排入大气。

除甲烷以外的烷烃、烯烃和芳香烃燃烧时会产生黑烟，通常采用加入助燃蒸汽或助燃空气的方式来增加气体和空气的混合和湍动，以达到无烟的目的。

此外，为了保证火炬点火的可靠性，火炬设置有长明灯，长明灯使用的燃料一般为燃料气或天然气，其流量大约为 4 m$^3$/h，在火炬运行时段内保持燃烧状态，也是一个 VOCs

排放源。

高架火炬和开放式地面火炬都是在开放式的大气中燃烧，燃烧废气直接排向大气，封闭式地面火炬设有燃烧室和烟囱，燃烧废气经过烟囱排向大气（见图 8-5）。

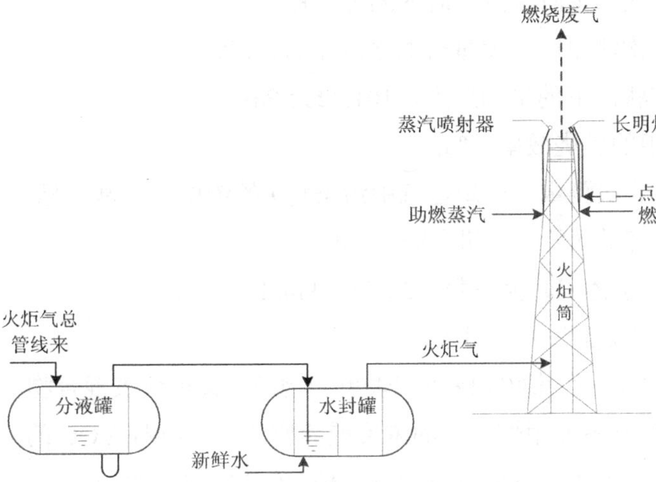


图 8-5 高架火炬系统工作流程及 VOCs 污染源示意

## 8.4 推荐估算方法

本节给出了物料衡算法、热值系数法、工程估算法以及火炬非正常操作或故障时的排放估算。

### 8.4.1 物料衡算法

物料衡算法是基于火炬气 VOCs 的进入量及火炬燃烧效率的一种方法。需要对进入火炬的气体的流量、组成进行连续监测（或在排放事件中火炬燃烧时至少每 3 h 进行 1 次人工采样的组成分析）。火炬的燃烧效率可以是用直接测试数据，也可以是假设的默认燃烧效率。

#### 8.4.1.1 估算方法

$$E_{火炬i}=\sum_{n=1}^{N}\left\{Q_n\times\left[1-\left(f_{H_2O}\right)_n\right]\times\left(\frac{T_o}{T_n}\right)\times\left(\frac{P_n}{P_o}\right)\times\left(1-F_{eff}\right)\times\left(C_i\right)_n\times\frac{MW_i}{MVC}\times10^{-3}\right\} \quad (8\text{-}1)$$

式中：$E_{火炬i}$—— 火炬燃烧废气中污染物 $i$ 的排放量，t/a 或 t/排放事件；

$N$—— 每年或每排放事件中测量次数，次/a 或次/排放事件；

$n$—— 测量编号，第 $n$ 次测量；

$Q_n$—— 第 $n$ 次测量时送入火炬的气体的体积（湿基），$m^3$；

$(f_{H_2O})_n$ ——第 $n$ 次测量时火炬进气中的含水量，体积分数；

$T_o$—— 标准状态下的温度，273.15 K；

$T_n$—— 第 $n$ 次测量时测流量时的温度，K；

$P_n$—— 第 $n$ 次测量时测流量时的平均压力，kPa；

$P_o$—— 标准状态下的平均压力，101.325 kPa；

$F_{eff}$—— 火炬的燃烧效率，%；

$(C_i)_n$—— 第 $n$ 次测量时火炬进气中污染物 $i$ 的浓度（干基、标态），体积分数；

$MW_i$—— 污染物 $i$ 的分子量，kg/kmol；

MVC —— 摩尔体积转换系数，22.4 $m^3$/kmol（标态）。

公式在使用中需要注意以下问题：

①污染物 $i$ 的含义。污染物 $i$ 既可代表单一物质，又可代表混合物，取决于采用的监测方法，如监测火炬气中非甲烷总烃的浓度或者监测单一物种 VOC 的浓度。当监测单一物种 VOC 的浓度时，VOCs 排放量应为每一种 VOC 排放量的加和。

②小时流率的计算。如果连续监测了 1 h 内的多个检测值时，火炬气中污染物的小时流率可以通过两种方法进行计算：一种方法是用平均流量和污染物的平均浓度计算小时平均流率；另一种方法是用每次计算的流率相加得出小时流率，选取哪一个值用于年排放量的计算，取决于火炬的工作时长及工艺装置产生的进入火炬的气体种类。如果火炬气组成及流量稳定且长时间连续工作，可用小时平均值；如果火炬气组成及流量变化较大或者短时间、间断操作，可用小时内每次的加和值。

③流量与浓度的测量基准应统一。一般情况下，浓度的测量结果以干基、标态表示，流量的测量结果以湿基表示。如果流量计能将湿基流量自动修正为干基流量，那么转换系数 $\left[1-\left(f_{H_2O}\right)_n\right]$ 为 1，否则应进行转换。如果流量计能将测试温度和压力下的流量自动修正为标态下的流量，那么转换系数 $\left(\frac{T_o}{T_n}\right)\times\left(\frac{P_n}{P_o}\right)$ 为 1，否则应根据 $\left(\frac{T_o}{T_n}\right)\times\left(\frac{P_n}{P_o}\right)$ 的计算结果进行转换。

#### 8.4.1.2 所需基础数据

物料衡算法所需基础数据包括进入火炬的气体流量、组成及火炬的燃烧效率。火炬的燃烧效率可以用直接测试数据，也可以是假设的默认燃烧效率。当由于条件限制，无法获得直接测试数据时，可选用默认的燃烧效率。国外相关的测试数据和资料表明，烃类火炬在设计合理，并在设计参数范围内操作运行良好时，其燃烧效率可以达到 98%以上，默认的燃烧效率取 98%。

### 8.4.1.3　火炬的燃烧效率取值

火炬在正常操作、非正常操作和故障条件下默认燃烧效率取值见表 8-3。

**表 8-3　火炬的燃烧效率取值**

| 火炬工况 | 助燃气体类型 | 火炬操作条件 | 火炬燃烧效率/% |
|---|---|---|---|
| 正常 | 无助燃 | A. 火炬气体的净热值≥7.45 MJ/m$^3$；<br>B. 当直径≥80 mm、氢含量≥8%（体积百分数）时，出口流速＜37.2 m/s 且＜$V_{max}$；<br>C. 出口流速＜18.3 m/s，但当燃烧气体的净热值＞37.3 MJ/m$^3$ 时，允许排放流速≥18.3 m/s，但应＜$V_{max}$ 且＜122 m/s | 98 |
| | 蒸汽助燃 | 火炬气体的净热值≥11.2 MJ/m$^3$<br>出口流速＜18.3 m/s，但当燃烧气体的净热值＞37.3 MJ/m$^3$ 时，允许排放流速≥18.3 m/s，但应＜$V_{max}$ 且＜122 m/s；<br>蒸汽/气体≤4 | 98 |
| | 空气助燃 | 火炬气体的净热值≥11.2 MJ/m$^3$；<br>出口流速＜$V_{max}$ | 98 |
| 非正常 | 无助燃 | 不满足火炬气净热值、出口流速的条件 | 93 |
| | 蒸汽助燃 | 不满足火炬气净热值、出口流速的条件 | 93 |
| | | 不满足蒸汽与气体比值的条件 | 80 |
| | 空气助燃 | 不满足火炬气净热值、出口流速的条件 | 93 |
| 故障 | | 火炬气流量超过设计值、火炬故障停用或未投用 | 0 |

无助燃状态下 $V_{max}$ 的计算方法：

$$V_{max}=\left(X_{H_2}-K_1\right)\times K_2 \tag{8-2}$$

式中：$V_{max}$——最大允许流速，m/s；

$K_1$——常数，氢气体积分数，取 6.0；

$K_2$——常数，取 3.9 m/s；

$X_{H_2}$——氢气体积分数，湿基，按照 ASTM 方法中 D1946-77 计算。

蒸汽助燃状态下 $V_{max}$ 的计算方法：

$$\lg V_{max}=\left(H_T+28.8\right)/31.7 \tag{8-3}$$

式中：$H_T$——净热值，MJ/m$^3$（标态）。标准大气压、25℃条件下每摩尔尾气燃烧的净热值，但是摩尔体积的标准温度是 20℃。

空气助燃状态下 $V_{max}$ 按式（8-4）计算：

$$V_{max}=8.706+0.7084\left(H_T\right) \tag{8-4}$$

## 8.4.2 热值系数法

热值系数法是基于火炬气体热值的排放系数法（排放系数中已包含了火炬的燃烧效率），需要对进入火炬的气体的流量、热值进行连续监测（或在排放事件中火炬燃烧时至少每 3 h 进行 1 次人工采样分析）。火炬的燃烧效率可以是用直接测试数据，也可以是假设的默认燃烧效率。

### 8.4.2.1 估算方法

$$E_{火炬i}=\sum_{n=1}^{N}\left(Q_{\mathrm{std},n}\times \mathrm{LHV}_n\times \mathrm{EF}_i\times 10^{-3}\right) \tag{8-5}$$

式中：$E_{火炬i}$ —— 火炬燃烧废气中污染物 $i$ 的排放量，t/a 或 t/排放事件；

$N$ —— 每年或每排放事件中测量次数，次/a 或次/排放事件；

$n$ —— 测量编号，第 $n$ 次测量；

$Q_{\mathrm{std},n}$ —— 第 $n$ 次测量时进入火炬的气体的体积（干基，标态），$\mathrm{m}^3$；

$\mathrm{LHV}_n$ —— 第 $n$ 次测量时进入火炬的气体的低热值（干基，标态），$\mathrm{MJ/m^3}$；

$\mathrm{EF}_i$ —— 污染物 $i$ 的排放系数，kg/MJ。

### 8.4.2.2 所需基础数据

热值系数法所需基础数据包括进入火炬的气体流量、热值及基于热值的火炬排放系数。火炬的排放系数见表 8-4。使用基于热值的排放系数法时，火炬应满足正常操作条件且满足 98%的燃烧效率，否则会低估烃的排放量。

表 8-4 基于火炬气热值的火炬排放系数 [a]

| 成分 | 排放系数/（kg/MJ） |
| --- | --- |
| 总烃 [b] | $1.44\times10^{-4}$ |

注：a 以低热值为基础的假定热值，来源于 AP-42 中 13.5 Industrial Flares，USEPA（1995）。

b 表中以“总烃”代替“VOCs”，排放系数是基于总烃的监测数据，以甲烷当量测得。

## 8.4.3 工程估算法

工程估算法是基于已知与火炬相连的工艺装置或设施的工艺参数的背景下的一种估算方法，工艺参数包括排入火炬的气体的体积、成分、温度和压力等。估算方法取决于火炬服务的装置及火炬的用途，如用于正常操作还是用于事故排放。

对于接收常规性气体的操作火炬，如用于处理特定装置或特定设施的排气，其排入火炬的 VOCs 量可根据装置或设施的工艺条件进行计算。对于接收工艺装置事故或故障状况下废气排放的事故火炬，由于潜在发生的事故或故障的情形非常复杂，所以无法对每种故障情形都提供详细的估算方法。企业技术人员应根据具体发生的事件，具体分析每一件事故或故障的情形，并结合相关装置已有的检测数据确定排放条件。

事故火炬或带有火炬气回收系统（或其他在正常操作状态下配有水封）的火炬，可通过监控火炬水封的压降来判断火炬排放情况。另外，使用分液罐上的压力监视器也可以检测火炬管线的压力变化。

通过对火炬进气采样分析或根据与火炬相连的各工艺单元送入火炬的废气的组成可以获得 VOCs 的浓度。使用 VOCs 的浓度、气体流率以及假定的火炬燃烧效率即可进行火炬排放量的计算。

当使用工程估算法进行火炬排放量估算时，应将计算方法、假设条件以及具体的数据信息进行详细的记录并保存，以便统一每次计算的一些基础数据。

典型的工艺装置的非正常排放包括开停工、检维修和设备超压泄放。开停工及检维修工况排入火炬的 VOCs 计算可参考非正常生产工况排放的估算方法，设备超压排放估算方法见式（8-6）至式（8-8）。如果这些废气排入火炬系统进行处理时，在计算其 VOCs 排放量时应考虑火炬的燃烧效率的削减量。

#### 8.4.3.1 估算方法

由式（8-6）计算气体排放达到音速时容器的临界压力。当容器内气体的压力大于临界压力时，排放气体为“节流”，否则为“不节流”。

$$P = P_{\mathrm{o}}\left(\frac{k+1}{2}\right)^{\frac{k}{k-1}} \tag{8-6}$$

式中：$P$——达到音速时容器的临界压力，Pa；

$P_{\mathrm{o}}$——排放口的排放压力，Pa；

$k$——等压热容与等体积热容的比值（见表 8-5）。

表 8-5 不同气体的 $k$ 值

| 化合物 | $k$ | 化合物 | $k$ |
|---|---|---|---|
| 甲烷 | 1.30 | 空气 | 1.40 |
| 天然气 | 1.27 | 氢气 | 1.40 |
| 乙烷 | 1.22 | 氮气 | 1.40 |
| 乙烯 | 1.20 | 氧气 | 1.40 |
| 丙烷 | 1.14 | 一氧化碳 | 1.40 |
| $n$-正丁烷或异丁烷 | 1.11 | 二氧化碳 | 1.28 |
| 戊烷 | 1.09 | 硫化氢 | 1.32 |
| 己烷或环己烷 | 1.08 | 二氧化硫 | 1.26 |
| 苯 | 1.10 | | |

注：$k = C_p/C_v$，等压热容与等体积热容的比值。

由式（8-7）计算排放气体的马赫数：

$$M=\sqrt{\frac{2}{k-1}\times\left[\left(\frac{P_V}{P_o}\right)^{\frac{k-1}{k}}-1\right]} \tag{8-7}$$

式中：$k$——等压热容与等体积热容的比值；

$P_V$——容器中气体的压力，Pa；

$P_o$——排放出口的压力，Pa。

由式（8-8）计算容器超压排至火炬的污染物的质量流率。当排放气体为“节流”时，$M$取1，否则按式（8-7）计算的$M$值代入式（8-8）计算。

$$E_{超压i}=C_i\times A\times P_V\times\sqrt{\frac{k\times MW}{R\times T_V}}\times\frac{M}{\left[1+\frac{M^2(k-1)}{2}\right]^{\frac{k+1}{2(k-1)}}} \tag{8-8}$$

式中：$E_{超压i}$——超压排放污染物$i$的质量流率，kg/s；

$C_i$——污染物$i$的浓度（质量分数）；

$A$——排放口的横截面积，$m^2$；

$P_V$——容器中气体的压力，Pa；

$k$——等压热容与等体积热容的比值；

MW——排放气体的分子量，kg/kmol；

$R$——理想气体常数，$8.314\times10^3$ J/（kmol·K）；

$T_V$——容器中气体的温度，K；

$M$——排放气体的马赫数。

由式（8-9）计算火炬的排放量：

$$E_{火炬i}=E_{超压i}\times H\times(1-F_{eff}) \tag{8-9}$$

式中：$E_{火炬i}$——火炬排放污染物$i$的排放量，kg/事件；

$H$——排放持续时间，s/事件；

$F_{eff}$——火炬燃烧效率，%。

#### 8.4.3.2 所需基础数据

工程估算法所需基础数据包括与火炬相连的设施的操作参数（如温度、压力）、排放气体的组成、安全阀的直径和背压、排放持续的时间等。

### 8.4.4 火炬非正常操作或故障时的排放估算

#### 8.4.4.1 非正常操作

火炬在正常的设计和操作条件下稳定运行时，其燃烧效率可以达到 98%以下，但当出现以下情形时，应对火炬燃烧效率进行调整：

①当喷入的蒸汽过多（蒸汽/气体>4），火炬的燃烧效率取 80%。

②当火炬的净热值不满足以下要求时，火炬的燃烧效率取 93%：

a. 对于无助燃火炬，燃烧气体的净热值≥7 450 kJ/m$^3$；

b. 对于蒸汽助燃或空气助燃火炬，燃烧气体的净热值≥11 200 kJ/m$^3$。

③当火炬的出口流速不满足以下要求时，火炬的燃烧效率取 93%：

a. 对于无助燃火炬，当直径≥DN80 mm、氢含量≥8%（体积分数）时，出口流速<37.2 m/s 且<$V_{max}$；

b. 对于蒸汽助燃和无助燃火炬，出口流速<18.3 m/s，但当燃烧气体的净热值>37.3 MJ/m$^3$ 时，允许排放流速≥18.3 m/s，但应<$V_{max}$ 且<122 m/s；

c. 对于空气助燃火炬，出口流速<$V_{max}$。

#### 8.4.4.2 故障

火炬在故障停用或没有投用时，应考虑通过非控制状态排放系数，即 $\frac{1}{(1-控制效率)}$ 进行 VOCs 排放量的修正。如果控制状态的排放量数据已知，则火炬故障状态下的排放量可用式（8-10）计算。即火炬发生故障、不能正常运行时 VOCs 排放量较正常运行时明显增大。

$$E_{火炬故障i} = E_{火炬正常i} \times \left(\frac{1}{1-F_{eff}}\right) \times t \tag{8-10}$$

式中：$E_{火炬故障i}$——火炬故障或停用状态下污染物 $i$ 的排放量，kg/排放事件；

$E_{火炬正常i}$——火炬正常运行时污染物 $i$ 的排放流率，kg/h；

$F_{eff}$——火炬的默认燃烧效率，%；

$t$——故障持续时间，h/排放事件。

## 8.5 报告格式

火炬 VOCs 污染源排查工作结束后应编制排查报告，排查报告的格式及内容见表 8-6。

表 8-6 火炬废气 VOCs 污染源排查报告

| 排查项目 | 企业火炬废气 VOCs 污染源排查 |
|---|---|
| 排查单位 | ××公司 |
| 监测实施单位 | ××公司 |
| 报告编制单位 | ××公司 |
| 排查时间 | ××××年××月××日 |
| 监测时间 | ××××年××月××日 |
| 火炬系统污染源基本情况（填写模板） | 企业火炬设置数量、类型、规模、服务范围、油气回收设施设置、监测设施设置、达标排放情况 |
| 火炬系统污染源 VOCs 排放估算结果及评估（填写模板） | 企业××年度火炬废气 VOCs 排放量约为××t |
| 火炬系统污染源 VOCs 排放削减潜力分析（填写思路） | 从火炬气回收、火炬的运行管理、减少非正常工况排放等方面分析 VOCs 减排的潜力及可实施性 |
| 备注 | 其他需要说明的事项 |

## 8.6 管理要求与建议

火炬系统 VOCs（烃）的排放量与进入火炬系统燃烧的工艺废气量及火炬的燃烧效率有关，因此，减少进入火炬的废气量以及保证火炬在较高的燃烧效率下运行，可以达到减少 VOCs 排放的目的。

### 8.6.1 日常巡检

应注重检查火炬监控系统安装情况、引燃设施和火炬工作状态台账记录。火炬燃烧装置一般只用于应急处置，不作为日常大气污染处理设施；同时应按照标准要求在火炬系统安装温度监控、废气流量计、助燃气体流量计等，在火炬排放废气热值达不到要求时应及时补充助燃气体。

### 8.6.2 设置气体回收设施

火炬系统应设置火炬气回收设施，回收利用火炬气，减少进入火炬燃烧的废气量。

### 8.6.3 火炬燃烧控制

①合理设计火炬的操作弹性，避免由于不同的工况下排入火炬的工艺废气量波动很大，造成火炬超负荷运行。

②对于蒸汽助燃火炬，合理设计蒸汽的喷入量，避免由于火炬燃烧温度降低造成不完全燃烧，降低火炬燃烧效率。

③限制火炬的出口流速，避免流速过高使烃类来不及燃烧就排入大气，增加烃的排放量。

④设计可靠的点火系统，确保火炬气在任何时候均能够被点燃，防止工艺废气不经燃烧排入大气。

⑤当火炬气的热值小于 7 800 kJ/m$^3$ 时，应补充燃料气或天然气，使火炬能够达到稳定的燃烧条件。

⑥对火炬进气的流量、组成、热值、长明灯及火炬燃烧火焰的温度、助燃气流量、出口流速等参数进行监测，当有气体回收系统时，还要对水封液位及压力进行监测，以监控火炬在符合设计条件下进行稳定的燃烧。

## 8.7 估算方法案例

### 8.7.1 物料衡算法

**案例一：在连续检测流量和组成的条件下计算火炬 VOCs 排放量**

某装置泄压气体排入火炬系统燃烧排放，持续 1 h，进入火炬气体的平均流量是 3 000 m$^3$/h（标态、干基），气体中 $C_4$ 及以下的烃类占 95%（体积分数，干基），平均分子量为 58，火炬去除效率 98%，估算该事件中烃的排放量。

解：计算该事件中烃排放量

$$E_{火炬i}=\sum_{n=1}^{N}\left\{Q_n\times\left[1-\left(f_{H_2O}\right)_n\right]\times\left(\frac{T_o}{T_n}\right)\times\left(\frac{P_n}{P_o}\right)\times\left(1-F_{eff}\right)\times\left(C_i\right)_n\times\frac{MW_i}{MVC}\times10^{-3}\right\}$$

$$=3\,000\times1\times1\times1\times(1-98\%)\times95\%\times\frac{58}{22.4}\times10^{-3}$$

$$=0.148\ \text{t/次}$$

## 8.7.2 热值系数法

**案例二：在连续检测流量和热值的条件下计算火炬 VOCs 排放量**

某火炬处理炼油厂中某一装置的工艺废气，该装置为间歇排放，每月排放 1 次，每次持续 30 min，废气组成不变。火炬的平均流量为 10 m³/min（标态，干基），进入火炬的气体的低热值为 45 MJ/m³（标态，干基），估算火炬年 VOCs 排放量。

解：计算火炬年 VOCs 排放量

$$E_i = \sum_{n=1}^{N}\left(Q_{\text{std},n} \times \text{LHV}_n \times \text{EF}_i \times 10^{-3}\right)$$

$$=10 \times 30 \times 45 \times 6.02 \times 10^{-5} \times 10^{-3} \times 12$$

$$=0.01\ \text{t/a}$$

## 8.7.3 工程估算法

**案例三：容器超压气体排至火炬时计算火炬 VOCs 排放量**

某装置反应器发生超压事故，气体向火炬排放。安全阀直径为 100 mm，压力为 13.186 MPa，气体组成为 50%（体积分数）氢气和 50%（体积分数）$C_2$～$C_4$ 的轻烃。如果安全阀泄压时间为 30 min，此事件发生期间火炬的排放量是多少？假定容器以 0.068 9 MPa（表压）向火炬排放且火炬正常、稳定燃烧。在该事件中容器内的平均温度和压力分别为 400℃和 14.131 MPa（表压）。

解：排放出口压力 $P_o$=0.068 9+0.101 3=0.170 2 MPa

从质量角度来说，气体中绝大部分为轻烃。因此，可以取丙烷的 $k$ 值 1.14 作为气体的代表。为了确定气体流速是否为节流，容器的临界压力为

$$P = P_o\left(\frac{k+1}{2}\right)^{\frac{k}{k-1}}$$

$$=0.170\,2 \times \left(\frac{1.14+1}{2}\right)^{\frac{1.14}{1.14-1}}$$

$$=0.295\ \text{MPa}$$

容器内的压力远大于这个值，因此排放气体是“节流”的，$M$=1；$C_2$～$C_4$ 的轻烃使用丙烷的分子量 44 作为烃类组分的分子量，因此，排放气体的混合分子量为 0.5×2 + 0.5×44 = 23 kg/kmol。

$C_i$：使用丙烷作为 VOC 的替代物，VOC 的质量分数为 0.5×44/23 =0.956 5

$A$：阀直径为 100/1 000 = 0.1 m；面积为（π/4）×$0.1^2$ = 0.007 85 $m^2$

$P_V$：14.131+0.101 3 = 14.232 3 MPa

$T_V$：400 + 273.15 =673.15 K

计算超压事件中安全阀排放流率：

$$E_{超压i} = C_i \times A \times P_V \times \sqrt{\frac{k \times MW}{R \times T_V}} \times \frac{M}{\left[1+\frac{M^2(k-1)}{2}\right]^{\frac{k+1}{2(k-1)}}}$$

$$= 0.956\,5 \times 0.007\,85 \times 14.232\,3 \times 10^6 \times \sqrt{\frac{1.14 \times 23}{8.314 \times 10^3 \times 673.15}} \times \frac{1}{\left[1+\frac{(1.14-1)}{2}\right]^{\frac{1.14+1}{2\times(1.14-1)}}}$$

$$= 0.956\,5 \times 0.007\,85 \times 14.232\,3 \times 10^6 \times 2.164 \times 10^{-3} \times 0.596\,2$$

$$= 137.87 \text{ kg/s}$$

计算超压事件中火炬排放量：

$$E_{火炬i} = E_{超压i} \times H \times (1 - F_{eff})$$

$$= 137.87 \times 30 \times 60 \times (1 - 98\%)$$

$$= 4\,963.32 \text{ kg / 事件}$$

$$= 4.963 \text{ t / 事件}$$

# 参考文献


[1] 周学双，童莉，韩建华，等. 工业 VOCs 精细化环境管理的对策建议[J]. 环境保护，2014，1：41-43.

[2] 大气污染物综合排放标准：GB 16297—1996[S].

[3] 石油炼制工业污染物排放标准：GB 31570—2015[S].

[4] 石油化学工业污染物排放标准：GB 31571—2015[S].

[5] 挥发性有机物无组织排放控制标准：GB 37822—2019[S].

[6] 制药工业大气污染物排放标准：GB 37823—2019[S].

[7] 储油库大气污染物排放标准：GB 20950—2020[S].

[8] 石油化工企业设计防火规范：GB 50160—2008[S].

[9] 石油化工储运系统罐区设计规范：SH/T 3007—2014[S]

[10] 石油库设计规范：GB 50074—2014[S].

[11] 黄维秋. 油气回收基础理论及其应用[M]. 北京：中国石化出版社，2011.

[12] 杨一鸣，等. 挥发性有机物管控体系研究[M]. 北京：中国环境出版社，2016.

[13] 周学双，崔书红，童莉，等. 石化化工企业挥发性有机物污染源排查及估算方法研究与实践[M]. 北京：中国环境出版社，2015.

[14] 生态环境部大气环境司，生态环境部环境规划院. 挥发性有机物治理使用手册[M]. 北京：中国环境出版集团，2020.

[15] 生态环境部大气环境司，生态环境部环境规划院. 挥发性有机物治理使用手册（第二版）[M]. 北京：中国环境出版集团，2021.

[16] USEPA. Organic Liquid Storage Tanks[EB/OL]. 2020. https://www. epa. gov/sites/default/files/2020-10/documents/ch07s01. pdf.

[17] 李洁. VOC 废气处理的技术进展[A]//中国环境保护优秀论文集（2005）（下册）[C]. 2005.

[18] 张林，陈欢林，柴红. 挥发性有机物废气的膜法处理工艺研究进展[J]. 化工环保，2002，22（2）：75-80.

[19] Shen T T，Sewell G H. Control of VOCs Emission from Waste Management Facilites[J]. Journal of Environmental Engineering，1988，114：1392.

[20] Chen Huanlin，Zhang Lin，Gao Congjie. Prospect of Membrane Separation Technigues for Removal of VOCs in China[A]//The Membrane Industry Association of China. 21 Century International Symposium on Membrane Technology and Environmental Protection[C]. Beijing：2000：290-296.

[21] Ohlorogge K，Brockmoller J，Wind J，et al. Engineering Aspects of the Plant Design to Separate Volatile Hydrocarbons by Vapor Permeation[J]. Separation Science and Technology，1993（28）：227-240.

[22] Bhaumik D，Majumdar S，Sirkar K K. Pilot-Plant and Laboratory Studies on Vapor Permeation Removal of VOCs from Waste Gas Using Silicone-coated Hollow Fibers[J]. Journal of Membrance Science，2000，167：107-122.

[23] Fouda A，Bai J，Zhang S G，et al. Membrane Separation of Low Volatile Organic Compounds by Pervaporation and Vapor Permeation[J]. Desalination，1993（90）：209-233.

[24] 童莉，郭森，崔积山，等. 美国炼油厂排放估算协议[M]. 北京：中国环境出版社，2015.

[25] 金熙，项成林，齐冬子. 工业水处理技术问答（第四版）[M]. 北京：化学工业出版社，2010.

[26] 刘林. 炼油厂循环水水冷器泄漏的危害与排查[J]. 石化技术，2015，22（6）：38.

[27] 国家环境保护总局. 空气和废气监测分析方法（第四版）[M]. 北京：中国环境科学出版社，2003.

[28] 张洪山，张树华. 原油取样检验中的问题及处理措施[J]. 油气储运，2009，28（12）：75-79.

[29] 王赫婧，沙莎，庄思源，等. 第二次全国污染源普查工业污染源挥发性有机物产污系数及排放量核算方法建立[J]. 环境保护，2020，48（18）：18-23.

[30] 李军，牟滨子，黄敏超，等. 泄漏检测与修复过程的问题与建议[J]. 环境影响评价，2018，40（6）：20-24.

[31] 左申梅，王赫婧，庄思源，等. VOCs 管控问题与对策建议[J]. 环境影响评价，2018，40（6）：1-5.

[32] 董振龙，王赫婧，庄思源，等. 储罐 VOCs 排放分析及减排策略[J]. 环境影响评价，2018，40（6）：16-19，24.

[33] 崔积山，顾军飞，左申梅，等. 石化行业挥发性有机物综合管控探讨[J]. 环境保护，2017，45（13）：30-33.

[34] 崔积山，牛皓，沙莎，等. 基于污染物综合管控效率的全过程精细化管控对策建议[J]. 环境保护，2017，45（10）：43-45.

[35] 王奉天，陈俊，周学双，等. 石化行业有机液体储罐 VOCs 损耗估算方法浅析[J]. 安全、健康和环境，2017，17（5）：29-33.

[36] 庄思源，沙莎，郭森，等. 石化化工 VOCs 污染源控制的对策建议[J]. 环境影响评价，2014（1）：18-19.

[37] 苑文凯，庄思源，段潍超，等. 挥发性有机物排放量核算的误差传递放大途径解析及对策建议[A]//2017 中国环境科学学会科学与技术年会论文集（第四卷）[C]. 2017：453-457.

[38] 崔积山，王奉天，庄思源，等. 炼化企业酸性水罐区无组织废气回收治理技术浅谈[A]//2014 中国

环境科学学会学术年会论文集[C]. 2014：596-599.

[39] Atmospheric hydrocarbon emissions from marine vessel transfer operations：API Bull 1514A[S].

[40] 杨静怡，朱胜杰，陈鹏，等. 外浮顶原油储罐 VOCs 泄漏损耗及排放量核算[J]. 安全、健康和环境，2017，17（5）：37-40.

[41] 朱胜杰，邹兵，闫柯乐，等. 外浮顶原油储罐 VOCs 排放核算参数对排放量的影响研究[J]. 安全、健康和环境，2017，17（5）：34-36.

[42] 朱胜杰，邹兵，马明，等. 成品油储罐 VOCs 排放量影响因子与核算研究[J]. 石油石化绿色低碳，2017，2（6）：57-61.

[43] 何少林，陈辉，于景琦，等. 油气田挥发性有机物管控源项及排放系数研究[J]. 油气田环境保护，2020，30（1）：24-27，61.

[44] 何少林，陈辉，李毅，等. 石油石化有机液体装载油气回收技术评估[J]. 油气田环境保护，2022，32（1）：17-20.

[45] 何少林，崔积山，童莉，等. 构建开放监督型工业源挥发性有机物排污申报平台的建议[J]. 中国环境管理，2016，8（3）：101-105.

[46] Atkinson R. Atmospheric chemistry of VOCs and $NO_x$[J]. Atmospheric Environment，2000，34（12-14）：2063-2101.

[47] Jardim W F，Alberici R M. Photocatalytic destruction of VOCs in the gas-phase using titanium dioxide[J]. Applied Catalysis B：Environmental，1997，14（1）：55-68.

[48] Mania，DJ，Bruck，et al. Sources of error in VOC determination via EPA method 24[J]. Journal of Coatings Technology，2001，73（919）.

[49] Brandt A，Adelt F，Schulz T，et al. Ozone relevant VOC emissions from small consumers and from chemisty product application in private households in North Rhine-Westphalia[J]. Gefahrstoffe Reinhaltung Der Luft，2000，60（11）：453-457.

# 附　录

## 附录 1　挥发性有机液体储罐排查表

1．设施信息

挥发性有机液体储罐排查内容见附表 1-1 至附表 1-3。

**附表 1-1　固定顶罐设施基本信息情况**

| 项目 | 内容 | 备注 |
|---|---|---|
| 企业名称 | | 填写某公司的全称 |
| 储罐位号 | | 填写储罐的位号。例如：V601 |
| 所属罐区或装置 | | 填写该储罐所在的罐区或装置。例如：柴油加氢原料罐区、汽油组分罐区 |
| 储存物料名称 | | 填写该储罐储存液体的名称。例如：汽油、苯 |
| 实际储存温度/℃ | | 填写该储罐在实际操作时的温度。例如：高温渣油罐实际操作温度在 100～150℃ |
| 容积/$m^3$ | | 填写该罐的罐体体积 |
| 直径/m | | 填写该罐的直径。即储罐外壳横截面的宽度 |
| 罐体颜色 | | 填写该罐的涂漆颜色，主要有白色、银色、铝色、灰色、绿色、黑色 |
| 罐体高度/m | | 填写该储罐的罐体高度 |
| 罐体长度/m | | 填写卧式罐的罐体长度 |
| 平均储存高度/m | | 填写储存物料在储罐内的年平均储存高度 |
| 年周转量/（t/h） | | 填写该储罐的每年收发料的总量 |
| 呼吸阀-压力设定/Pa | | 填写呼吸阀-压力阀的设计压力 |
| 呼吸阀-真空设定/Pa | | 填写呼吸阀-真空阀的设计压力 |

附表 1-2　内浮顶罐设施基本信息情况

| 项目 | 内容 | 备注 |
| --- | --- | --- |
| 企业名称 | | 填写某公司的全称 |
| 储罐位号 | | 填写储罐的位号。例如：V601 |
| 所属罐区 | | 填写该储罐所在的罐区。例如：柴油加氢原料罐区、汽油组分罐区 |
| 储存物料名称 | | 填写该储罐储存液体的名称。例如：汽油、苯 |
| 实际储存温度/℃ | | 填写该储罐在实际操作时的温度。例如：高温渣油罐实际操作温度在 100～150℃ |
| 容积/$m^3$ | | 填写该储罐的罐体体积 |
| 直径/m | | 填写该储罐的直径。即储罐外壳横截面的宽度 |
| 年周转量/（t/h） | | 填写该储罐的每年收发料的总量 |
| 一次密封类型 | | 填写一次密封的构造型式。国内目前常见的一次密封类型有充液式、泡沫式、机械式 |
| 二次密封类型 | | 填写二次密封的构造型式。常见类型有：挡雨板、橡胶刮板、舌型密封和靴型密封 |
| 浮盘类型 | | 填写浮盘的构造型式。国内目前常见的内浮盘类型有浮筒式和双层板式（即接液式） |
| 浮盘附件-人孔 | | 浮盘顶的径向圆形开孔，提供足够大的面积允许操作人员和材料通过，以便进行建造或维修的设备 |
| 浮盘附件-计量井 | | 用于指示罐中液体的液位。浮标位于液体表面，处在一个被盖子密封的测量井中 |
| 浮盘附件-采样井 | | 由一个装备有自闭合密封盖的套管组成，操作人员可对所储液体进行测量和取样 |
| 浮盘附件-浮盘支腿 | | 主要用于对浮盘和罐底进行一定距离的隔离，防止浮盘下部设施的损坏对于浮筒式浮盘，分为中心区支腿和浮筒区支腿。 |
| 浮盘附件-边缘呼吸阀 | | 主要用于为密封和边缘地带留有一部分气体空间的密封设计 |
| 浮盘附件-真空阀 | | 主要用于补偿浮盘着陆或悬浮时内外气相压力差的变化 |
| 浮盘附件-罐顶支柱 | | 通过罐体内部浮盘的立柱，用于支撑罐顶 |
| 浮盘附件-楼梯井 | | 罐中设有从浮顶延伸至罐底的内梯，该设备通过浮盘的开孔 |
| 浮盘附件-浮盘排水管 | | 用于将浮盘顶部的雨水排出 |

**附表 1-3 外浮顶罐设施基本信息情况**

| 项目 | 内容 | 备注 |
|---|---|---|
| 企业名称 | | 填写某公司的全称 |
| 储罐位号 | | 填写储罐的位号。例如：V601 |
| 所属罐区 | | 填写该储罐所在的罐区。例如：柴油加氢原料罐区、汽油组分罐区 |
| 储存物料名称 | | 填写该储罐储存液体的名称。例如：汽油、苯 |
| 实际储存温度/℃ | | 填写该储罐在实际操作时的温度。例如：高温渣油罐实际操作温度在 100～150℃ |
| 容积/$m^3$ | | 填写该储罐的罐体体积 |
| 直径/m | | 填写该储罐的直径。即储罐外壳横截面的宽度 |
| 进料速率/（t/h） | | 填写该储罐的每小时的进料量 |
| 年周转量/（t/h） | | 填写该储罐的每年收发料的总量 |
| 一次密封类型 | | 填写一次密封的构造型式。国内目前常见的一次密封类型有充液式、泡沫式、机械式 |
| 二次密封类型 | | 填写二次密封的构造型式。常见类型有：挡雨板、橡胶刮板、舌型密封和靴型密封 |
| 浮盘附件-人孔 | | 浮盘顶的径向圆形开孔，提供足够大的面积允许操作人员和材料通过，以便进行建造或维修的设备 |
| 浮盘附件-计量井 | | 用于指示罐中液体的液位。浮标位于液体表面，处在一个被盖子密封的测量井中 |
| 浮盘附件-采样井 | | 由一个装备有自闭合密封盖的套管组成，操作人员可对所储液体进行测量和取样 |
| 浮盘附件-浮顶支腿 | | 主要用于对浮盘和罐底进行一定距离的隔离，防止浮盘下部设施的损坏 |
| 浮盘附件-真空阀 | | 主要用于补偿浮盘着陆或悬浮时内外气相压力差的变化 |
| 浮盘附件-导向柱（有槽） | | 该附件穿过浮顶，固定在罐底和罐顶之间且不可旋转 |
| 浮盘附件-导向柱（无槽） | | 有槽导向柱与无槽导向柱的作用相似，但带有开槽或钻孔 |
| 浮盘附件-浮盘排水管 | | 用于将浮盘顶部的雨水排出 |

2．有机液体物料信息

有机液体储存物料信息排查内容见附表 1-4 至附表 1-6。

**附表 1-4 原油理化参数信息情况**

| 项目 | 内容 | 备注 |
|---|---|---|
| 序号 | | 序号：1，2，3，… |
| 企业名称 | | 企业名称：填写某公司的全称 |
| 原油名称 | | 填写公司所有加工原油的名称。例如：阿曼原油、大庆原油 |
| 密度 | | 填写油品的液相密度，单位：$t/m^3$ |
| 油气摩尔分子质量 | | 原油蒸气的摩尔分子质量，g/mol |

| 项目 | 内容 | 备注 |
|---|---|---|
| 蒸气压测定方法 | | 蒸气压测定方法：填写测定油品蒸气压的方法 |
| 雷德蒸气压 | | 填写测定温度下的饱和蒸气压数值，单位：kPa |
| 初馏点 | | 填写从馏程测定仪的冷凝器上，流出的第一滴冷凝液时所测得的温度 |

**附表 1-5　油品理化参数信息情况**

| 项目 | 内容 | 备注 |
|---|---|---|
| 序号 | | 序号：1，2，3，… |
| 企业名称 | | 企业名称：填写某公司的全称 |
| 油品名称 | | 填写公司生产油品的名称 |
| 密度 | | 填写油品的液相密度，单位：$t/m^3$ |
| 油气摩尔分子质量 | | 油品蒸气的摩尔分子质量，g/mol |
| 雷德蒸气压测定方法 | | 雷德蒸气压测定方法：填写测定油品蒸气压的方法。例如：GB/T 8017石油产品蒸气压测定法-雷德法 |
| 雷德蒸气压 | | 填写雷德蒸气压数值，单位：kPa |
| 初馏点 | | 填写从馏程测定仪的冷凝器上，流出的第一滴冷凝液时所测得的温度 |
| 10%馏出温度 | | 填写从馏程测定仪上蒸馏出的容量达到试样的10%时的温度 |
| 90%馏出温度 | | 填写从馏程测定仪上蒸馏出的容量达到试样的90%时的温度 |
| 终馏点 | | 填写从馏程测定仪烧瓶底部蒸馏出的最后一滴液体时所测得的温度 |

**附表 1-6　有机化学品理化参数信息情况**

| 项目 | 内容 | 备注 |
|---|---|---|
| 序号 | | 序号：1，2，3，… |
| 企业名称 | | 企业名称：填写某公司的全称 |
| 标准名称 | | 填写贵公司工艺生产过程中产生的单体中间产品。例如：甲苯、乙苯 |
| CAS编号 | | 填写该化学物质的登录号 |
| 密度 | | 填写单体物质的液相密度，单位：$t/m^3$ |

3．其他相关信息

有机液体储存其他相关排查内容见附表1-7至附表1-8。

**附表 1-7　储罐所在地的气象信息**

| 项目 | 内容 | 备注 |
|---|---|---|
| 月份 | | 填写每月月份 |
| 日最高环境温度 | | 填写每月当中的最高环境温度值，单位：℃ |
| 日最低环境温度 | | 填写每月当中的最低环境温度值，单位：℃ |
| 平均风速 | | 填写每月风速的平均值，单位：m/s |
| 太阳辐射强度 | | 指在水平面上单位面积所接收的太阳能。填写太阳辐射强度因子，单位：$W/m^2$ |

注：建议企业在核算中根据每个月的气象资料及储罐周转情况进行当月核算，根据核算结果得出年排放量。

附表 1-8 VOCs 末端回收治理设施信息

| 项目 | 内容 | 备注 |
|---|---|---|
| 技术名称 | | 填写使用的技术名称，例如：柴油吸收法，柴油吸收+活性炭吸附 |
| 设计处理效率 | | 设计处理效率：填写装置的设计处理效率 |
| 装置入口废气收集速率 | | 填写上一稳定运行周期装置入口废气平均收集量，单位：$m^3/h$ |
| 装置出口废气排放速率 | | 填写上一稳定运行周期装置出口废气平均排放量，单位：$m^3/h$ |
| VOCs 治理装置入口浓度 | | 上一稳定运行周期的入口平均浓度，注意单位统一成 $mg/m^3$ |
| VOCs 治理装置出口浓度 | | 上一稳定运行周期的出口平均浓度，注意单位统一成 $mg/m^3$ |
| 设施投用率 | | 上一稳定运行周期装置的投用率 |

注：1. 标准状态为温度 273.15 K、压力 101 325 Pa 时的状态，浓度以标准状态下的干气体为基准。

2. 表中各项均为必填项。

# 附录2 挥发性有机液体装载排查表

挥发性有机液体装载排查内容见附表2-1至附表2-7。

附表2-1 企业装载设施基本信息情况

| 项目 | 内容 | 备注 |
|---|---|---|
| 企业名称 | | |
| 装车场/个 | | |
| 装车站台/个 | | |
| 装车鹤位/个 | | |
| 装载物料 | | 经汽车、火车或船舶装车运载的所有物料 |
| 装载量/（t/a） | | 经汽车、火车或船舶装车运载的所有物料量的年装载量 |
| 装载形式 | | 主要装载形式包括汽车装载、火车装载、船舶装载 |
| 油气回收设施 | | 油气回收设施的基本信息：油气回收设施套数、规模、工艺、效率等 |
| 密封形式 | | 包括密封式快速接头、平衡式密封罩、橡胶密封帽及其他形式等 |

附表 2-2 装载油气回收设施 VOCs 排放量收集或实测数据

| 序号 | 油气回收设施服务对象 | 装载物料 | 监测日期 | 装载物料温度/℃ | 油气回收设施入口VOCs浓度/（$mg/m^3$） | 油气回收设施出口VOCs浓度/（$mg/m^3$） | 油气回收设施入口气体流量/（$m^3/h$） | 油气回收设施出口气体流量/（$m^3/h$） | 油气回收设施投用率/% | 罐车装载前罐内VOCs浓度/（$mg/m^3$） | 实际装载温度/℃ | 装载物料的真实蒸气压/Pa | 装载物料油气分子量/（g/mol） | 装载物料密度/（$kg/m^3$） |
|---|---|---|---|---|---|---|---|---|---|---|---|---|---|---|
| 1 | | | | | | | | | | | | | | |
| 2 | | | | | | | | | | | | | | |
| 3 | | | | | | | | | | | | | | |
| … | | | | | | | | | | | | | | |

附表 2-3 公式法核算公路或铁路装载过程 VOCs 损耗相关参数

| 序号 | 装载物料 | 装载方式[a] | 罐车情况[b] | 鹤管形式[c] | 装载液体温度/℃ | 雷德蒸气压/Pa[d] | 蒸气摩尔质量/（g/mol） | 油品密度/（$kg/m^3$） | 年周转量/t | 年回收油气量/t | 油气回收控制效率/% | 油气回收设施投用率/% |
|---|---|---|---|---|---|---|---|---|---|---|---|---|
| 1 | | | | | | | | | | | | |
| 2 | | | | | | | | | | | | |
| 3 | | | | | | | | | | | | |
| … | | | | | | | | | | | | |

注：a 装载方式包括液下装载、底部装载、喷溅式装载。
b 罐车情况包括新罐车或清洗后的罐车、正常工况（普通）的罐车。
c 鹤管形式包括大鹤管和小鹤管。
d 雷德蒸气压为物料 37.8℃时的真实蒸气压。

**附表 2-4　公式法核算船舶装载过程 VOCs 损耗相关参数**

| 序号 | 装载物料 | 船型 [a] | 舱体情况 [b] | 装载方式 [c] | 上次装载物质 [d] | 装载液体温度/℃ | 雷德蒸气压/kPa | 油品密度/（$kg/m^3$） | 蒸气摩尔质量/（g/mol） | 油气回收控制效率/% | 油气回收设施投用率/% |
|---|---|---|---|---|---|---|---|---|---|---|---|
| 1 | | | | | | | | | | | |
| 2 | | | | | | | | | | | |
| 3 | | | | | | | | | | | |
| … | | | | | | | | | | | |

注：a 船型包括油轮/远洋驳船、驳船，其中油轮/远洋驳船的船舱深度为 12.2 m，驳船的船舱深度为 3.0～3.7 m。

b 舱体情况包括未清洗、装有压舱物、清洗后/无油品蒸气、无油品蒸气（从未装载挥发性液体，舱体内部没有 VOCs 蒸气）；典型总体状况（基于测试船只中 41%的船舱未清洁、11%船舱进行了压舱、24%的船舱进行了清洁、24%为无蒸气；驳船中 76%为未清洁）。

c 装载方式包括液下装载、非液下装载。

d 上次装载物质包括挥发性物质（指真实蒸气压大于 10 kPa 的油品）、非挥发性物质。

**附表 2-5　系数法核算公路或铁路装载过程 VOCs 损耗相关参数**

| 序号 | 装载物料 | 装载方式 [a] | 罐车情况 [b] | 鹤管形式 [c] | 年周转量/t | 油品密度/（$kg/m^3$） | 年回收油气量/t | 油气回收控制效率/% | 油气回收设施投用率/% |
|---|---|---|---|---|---|---|---|---|---|
| 1 | | | | | | | | | |
| 2 | | | | | | | | | |
| 3 | | | | | | | | | |
| … | | | | | | | | | |

注：a 装载方式包括液下装载、底部装载、喷溅式装载。

b 罐车情况包括新罐车或清洗后的罐车、正常工况（普通）的罐车。

c 鹤管形式包括大鹤管、小鹤管。

附表 2-6 系数法核算船舶装载过程 VOCs 损耗相关参数

| 序号 | 装载物料 | 船型[a] | 年周转量/t | 油品密度/（$kg/m^3$） | 年回收油气量/t | 油气回收控制效率/% | 油气回收设施投用率/% |
|---|---|---|---|---|---|---|---|
| 1 | | | | | | | |
| 2 | | | | | | | |
| 3 | | | | | | | |
| … | | | | | | | |

注：a 船型分为远洋驳船和驳船。

附表 2-7 企业装卸设施合规性检查

| 装载油品 | 检查内容 | 达标判定 | 达标判定依据 |
|---|---|---|---|
| 装载油品为挥发性有机液体 | 是□ | 达标□ | 采用顶部浸没式或底部装载方式 |
| | | 不达标□ | 采用喷溅式装载方式 |
| | 否□ | 达标□ | 采用顶部浸没、底部装载或喷溅式装载方式 |
| 装载油品为原油或高挥发性有机物或危险化学品 | 是□ | 达标□ | 采用全密闭装载方式并设置油气收集、回收处理装置 |
| | | 不达标□ | 未采用全密闭装载方式或未设置油气收集、回收处理装置 |
| | 否□ | 达标□ | 对装载方式或是否设置油气收集、回收处理装置无具体要求 |
| 装载油品为有毒有害气体或者粉尘物质 | 是□ | 达标□ | 采取密闭措施或者其他防护措施 |
| | | 不达标□ | 未采取密闭措施或者其他防护措施 |
| | 否□ | 达标□ | 未对环保措施提出具体要求 |

# 附录 3　开停工和检维修排查表

开停工和检维修过程排查内容见附表 3-1 至附表 3-2。

附表 3-1　开停工、检修 VOCs 排放数据（气体加工容器）

| 序号 | 装置/单元名称 | 压力容器名称 | 设备容积/$m^3$ | 体积空置分数 | 气体置换时长/h | 泄压气体排入大气时容器的温度/℃ | 泄压气体排入大气时容器的压力/Pa | 气体物料组成 | 开停工、检修进行置换的次数/（次/a） | 填报日期 |
|---|---|---|---|---|---|---|---|---|---|---|
| | | | | | | | | | | |
| | | | | | | | | | | |
| | | | | | | | | | | |
| | | | | | | | | | | |

附表 3-2　开停工、检修 VOCs 排放数据（液体加工容器）

| 序号 | 装置/单元名称 | 压力容器名称 | 设备容积/$m^3$ | 体积空置分数 | 容器泄压、清洗、吹扫顺序 | 挥发性清洗溶剂用量 | 挥发性清洗溶剂处置 | 清洗、吹扫时长/h | 液体物料组成 | 年停工吹扫次数/（次/a） | 填报日期 |
|---|---|---|---|---|---|---|---|---|---|---|---|
| | | | | | | | | | | | |
| | | | | | | | | | | | |
| | | | | | | | | | | | |
| | | | | | | | | | | | |

# 附录 4　火炬系统排查表

火炬系统排查内容见附表 4-1 至附表 4-3。

**附表 4-1　火炬燃烧废气 VOCs 排放数据（物料衡算法）**

| 序号 | 火炬名称 | 服务装置/单元 | 火炬监测序号 | 火炬气组成/% | 火炬气体积/m$^3$ | 温度/℃ | 压力/Pa | 水含量（体积分数）/% | 火炬燃烧效率/% | 监测日期 |
|---|---|---|---|---|---|---|---|---|---|---|
| | | | | | | | | | | |
| | | | | | | | | | | |

**附表 4-2　火炬燃烧废气 VOCs 排放数据（热值系数法）**

| 序号 | 火炬名称 | 服务装置/单元 | 火炬监测序号 | 火炬气体积/m$^3$ | 火炬气热值（标态）/（MJ/m$^3$） | 基于热值的 VOCs 排放系数/（kg/MJ） | 监测日期 |
|---|---|---|---|---|---|---|---|
| | | | | | | | |
| | | | | | | | |
| | | | | | | | |

**附表 4-3　容器超压 VOCs 排放数据（工程估算法）**

| 序号 | 火炬名称 | 服务装置/单元 | 排放气体组成 | 容器内部温度/℃ | 容器内部压力/MPa | 排放出口压力/MPa | 安全阀直径/mm | 事件持续时间/s | 火炬燃烧效率/% |
|---|---|---|---|---|---|---|---|---|---|
| | | | | | | | | | |
| | | | | | | | | | |
| | | | | | | | | | |